Mohamed Driche

Traitement des eaux usées par lagunage naturel

Mohamed Driche

Traitement des eaux usées par lagunage naturel

Traitement des eaux usées par lagunage naturel en vue d'une réutilisation en irrigation

Presses Académiques Francophones

Impressum / Mentions légales
Bibliografische Information der Deutschen Nationalbibliothek: Die Deutsche Nationalbibliothek verzeichnet diese Publikation in der Deutschen Nationalbibliografie; detaillierte bibliografische Daten sind im Internet über http://dnb.d-nb.de abrufbar.
Alle in diesem Buch genannten Marken und Produktnamen unterliegen warenzeichen-, marken- oder patentrechtlichem Schutz bzw. sind Warenzeichen oder eingetragene Warenzeichen der jeweiligen Inhaber. Die Wiedergabe von Marken, Produktnamen, Gebrauchsnamen, Handelsnamen, Warenbezeichnungen u.s.w. in diesem Werk berechtigt auch ohne besondere Kennzeichnung nicht zu der Annahme, dass solche Namen im Sinne der Warenzeichen- und Markenschutzgesetzgebung als frei zu betrachten wären und daher von jedermann benutzt werden dürften.

Information bibliographique publiée par la Deutsche Nationalbibliothek: La Deutsche Nationalbibliothek inscrit cette publication à la Deutsche Nationalbibliografie; des données bibliographiques détaillées sont disponibles sur internet à l'adresse http://dnb.d-nb.de.
Toutes marques et noms de produits mentionnés dans ce livre demeurent sous la protection des marques, des marques déposées et des brevets, et sont des marques ou des marques déposées de leurs détenteurs respectifs. L'utilisation des marques, noms de produits, noms communs, noms commerciaux, descriptions de produits, etc, même sans qu'ils soient mentionnés de façon particulière dans ce livre ne signifie en aucune façon que ces noms peuvent être utilisés sans restriction à l'égard de la législation pour la protection des marques et des marques déposées et pourraient donc être utilisés par quiconque.

Coverbild / Photo de couverture: www.ingimage.com

Verlag / Editeur:
Presses Académiques Francophones
ist ein Imprint der / est une marque déposée de
OmniScriptum GmbH & Co. KG
Heinrich-Böcking-Str. 6-8, 66121 Saarbrücken, Deutschland / Allemagne
Email: info@presses-academiques.com

Herstellung: siehe letzte Seite /
Impression: voir la dernière page
ISBN: 978-3-8381-4365-1

Copyright / Droit d'auteur © 2014 OmniScriptum GmbH & Co. KG
Alle Rechte vorbehalten. / Tous droits réservés. Saarbrücken 2014

Traitement des eaux usées par lagunage naturel en vue d'une réutilisation en irrigation

Par: DRICHE Mohamed

Dédicaces

À mes très, très chers parents, source d'amour et d'affection;

À ma très chère femme FIRDAOUS;

À mon très cher fils ABDALLAH le grand;

À ma très chère fille MERYOUMA la belle

À mes très chers soeurs et frères;

À toutes les personnes qui m'ont soutenu et encouragé tout au long de mon travail ;

À vous tous qui m'aimez ;

Je dédie ce modeste travail.

Table des matières

Introduction générale 7
Etude bibliographique

Chapitre I. Mécanismes épuratoires dans le lagunage
Introduction 13
1. Elimination de la matière carbonée (MES, DBO, DCO) 15
1.1. Principe 15
1.2. Oxygénation par les algues 16
1.3. L'influence des MES 17
2. Elimination de l'azote et de phosphore 18
2.1. Azote 18
2.1.1. Principe 18
2.1.2. Volatilisation de l'ammoniac (Stripping) 18
2.1.3. Assimilation algale 19
2.1.4. Rôle des algues dans l'élimination de l'azote 21
2.2. Phosphore 22
3. Les grands principes 24
3.1. Pré-traitement 24
3.2. Bassin N°1 : La minéralisation par les bactéries 25
3.2.1. Définition des bactéries 26
3.2.2. Classification simplifiée 26
3.3. Bassin N°2 : Le rôle des plantes 29
3.3.1. Le lagunage à macrophytes 30

3.3.2. Le lagunage à microphytes   31
3.3.3. Les différents types d'algues   33
3.3.4. La production phytoplanctonique   35
3.3.5. Le rôle des algues   36
3.4. Bassin N°3 : Le rôle du zooplancton   37
3.5. Elimination de la pollution bactériologique   41
4.   Améliorations du système de traitement   42
4.1. Action sur les facteurs limitant la croissance algale   42
4.2. Action sur les paramètres du lagunage   43
4.3. Elimination de la biomasse formée   44
5.   Avantages et inconvénients du lagunage   45
6.   Références bibliographiques   48

Etude expérimentale
Introduction   61

Chapitre II.   Etude de site

Introduction   64
1. Etude de site   64
1.1. Localisation géographique   65
1.2. Etude géologique   66
1.3. Etude hydrologique   67
1.4. Etude démographique de la zone d'étude   68
1.5. Dimensionnements et caractéristiques des lagunes   69
1.6. Les caractéristiques des eaux usées de l'oued Beni Messous 74
1.6.1. Le temps de séjour   74
2.   Conditions climatiques   75

2.1.	La température	75
2.2.	La pluviométrie	76
2.3.	L'insolation	77
2.4.	Les vents	79
2.5.	L'évaporation	80
2.6.	La synthèse des facteurs climatique	81
2.6.1.	Le diagramme ombrothermique	81
2.6.2.	Le quotient pluviothermique et climagramme d'EMBERGER	83
3.	Conclusion	86
4.	Références bibliographiques	87

Chapitre III.   Résultats et discussions

Introduction   89
1. Evolution des conditions du milieu lagunaire   89
1.1. Variation des températures de l'air et de l'eau   90
1.2. Variation de pH du milieu lagunaire   92
2. Evolution des paramètres de pollution   94
2.1. Variation de la pollution organique   94
2.1.1. Variation de la demande biologique en oxygène   94
2.1.2. Variation de la demande chimique en oxygène   99
2.1.3. Evaluation du coefficient de la biodégradabilité (K_e)   102
2.1.4. Variation des matières en suspension   104
2.2.   Variation de la pollution minérale   108
2.2.1. Evolution de la concentration des nitrites et ammoniums   108
2.2.2. Evolution de la concentration des orthophsphates   113
2.3.   Variation de la pollution bactériologique   115
2.3.1. Etude de l'origine de la pollution   116

2.3.2. Coliformes totaux (CT) 117
2.3.3. Coliformes fécaux (CF) 117
2.3.4. Echerichia coli (E. Coli) 118
2.3.5. Streptocoques fécaux (SF) 119
2.3.6. Salmonelles 119
2.3.7. Sulfito-réducteurs 120
2.3.8. Isolement et identification bactérienne 121
2.4. Essai de corrélation 124
3. Conclusion 126
4. Références bibliographiques 128

Chapitre IV.   **Modélisation**

Introduction 134
1. Typologies des effluents traités et équivalent-habitant 134
2. Performances épuratoires et modèles empirique 135
3. Charges organiques admissibles 135
4. Paramètres empiriques de dimensionnement 138
4.1. Influence de la charge organique 138
5. Modèles cinétiques de dimensionnement 142
5.1. Constantes cinétiques de la dégradation 146
6. Modélisation de l'abattement des bactéries 149
6.1. Les Bactéries Indicatrices de Contamination Fécale (BICF) 150
6.2. La décroissance bactérienne 150
6.3. Facteurs principaux influençant la décroissance des BICF 150
6.4. Modèle de qualité bactériologique 152
6.4.1. Loi cinétique 152
6.4.2. Coefficient de décroissance k 153

6.5. Calcul de la concentration initiale aux points de rejets	155
6.5.1. Présentation du modèle	156
6.6. Simulation de la qualité bactériologique du la lagune	158
6.6.1. Présentation du modèle	159
7. Conclusion	161
8. Références bibliographiques	163
Conclusion générale	168
Liste des abréviations	170
Liste des figures	171
Liste des tableaux	174
ANNEXES	175

Introduction générale

Introduction générale

L'importance de l'eau dans l'économie humaine ne cesse de croître, et l'approvisionnement en eau douce devient ainsi de plus en plus difficile, tant en raison de l'accroissement de la population et de son niveau de vie que du développement accéléré des techniques industrielles modernes, on est passé de l'emploi des eaux de source et de nappe, à une utilisation de plus en plus poussée des eaux de surface.

Parallèlement sont développées les recherches des eaux souterraines, les méthodes de recyclage et le dessalement de l'eau de mer. Simultanément, les causes de pollution se sont étendues; celle-ci est devenue plus massive, plus variée, plus insidieuse, ce qui a fait écrire que le temps des rivières est fini, celui des égouts commence.

La multiplication et l'aggravation des états de carence en eau sont en train de prendre mondialement une dimension de premier ordre. Le niveau des nappes phréatiques est en baisse et menace 1.5 milliards d'habitants sur la planète. Il n'est donc pas exclu que l'eau est amenée à devenir un enjeu stratégique international, pouvant engendrer de graves conflits régionaux.

En Algérie, le déficit de cet or bleu est devenu inquiétant confirmant les diverses expertises partant d'hypothèse et usant de méthodologie différentes qui ont toutes conclu que notre pays se trouvera entre 2010 et 2025 confronté à cette pénurie quasi-endémique. Aujourd'hui, la facture des épidémies de MTH (maladie à transmission hydrique) est lourde pour l'état algérien. Le coût de ces épidémies a été évalué à l'équivalent du budget de construction de plus d'une dizaine de stations de traitement des eaux. Aujourd'hui la stratégie nationale du développement durable en Algérie se matérialise particulièrement à travers un plan stratégique qui réunit les trois dimensions suivantes : Sociale, Economique et Environnementale. La préservation et l'utilisation rationnelle des ressources hydriques sont intégrées comme axe incontournable de la stratégie du développement durable. Pour se faire, une nouvelle politique de l'eau basée sur une gestion économique et environnementale a été mise en place, les principaux objectifs de cette politique se résument en : la protection des ressources hydrique existantes et l'utilisation des ressources non conventionnelles (eau usée épurée).

La problématique d'assainissement des eaux usées en Algérie est un sujet qui demeure entier, malgré les nombreuses initiatives entreprises jusqu'à ce jour. La plupart des villes se construisent sans un plan rigoureux d'assainissement, ce qui rend désormais complexe la recherche de solution. Les systèmes de collectes et de traitement d'eaux usées sont très peu développés. Ainsi, Le traitement des eaux usées est devenu un impératif pour notre société moderne. En effet, le développement des activités humaines s'accompagne inévitablement d'une production croissante de rejets polluants. Les ressources en eau ne sont pas inépuisables, leur dégradation, sous l'effet des rejets d'eaux polluées, peut non seulement détériorer gravement l'environnement, mais entraîner des risques de pénurie. Trop polluées, nos réserves d'eau pourraient ne plus être utilisables pour produire de l'eau potable, sinon à des coûts très élevés.

Face à la pénurie d'eau, due essentiellement à la baisse régulière du volume des précipitations depuis ces dernières décennies, et dans un souci de préservation des ressources d'eau encore saines et de protection de l'environnement et de la santé publique, l'Algérie adopte alors, un programme riche en matière d'épuration des eaux usées par la mise en service, de 194 stations d'épuration. Grâce à des procédés physico-chimiques ou biologiques, ces stations ont pour rôle de concentrer la pollution contenue dans les eaux usées sous forme de résidus appelés boues, valorisable en agriculture et de rejeter une eau épurée répondant à des normes bien précises, qui trouve quant à elle, une réutilisation dans l'irrigation, l'industrie et les usages municipaux.

Les procédés d'épuration utilisés en Algérie, dont l'objectif principal est d'éliminer la pollution organique sont à:
- 54 % procédé à boues activées;
- 36 % lagunage naturel;
- 10 % lagunage aéré.

Parallèlement au procédé à boues activées et au lagunage aéré, qui sont de caractère intensif, le lagunage naturel présente par ses nombreux avantages, une alternative idéale pour notre pays, en réunissant toutes les conditions favorables à son bon fonctionnement.

L'épuration par lagunage naturel consiste en un enchaînement des bassins artificiels étanches de différentes profondeurs, dans lesquels une microfaune (bactéries, protozoaires) et une microflore (micro algue) prolifèrent, dans le but de biodégrader les composées organiques contenue dans les eaux usées.

C'est dans le but de l'étude de ce procédé biologique et peu onéreux, faisant intervenir les micro-algues et les bactéries dans l'épuration des eaux usées, que s'inscrit la présente étude. Nous avons choisi de travailler sur la lagune de Béni-Messous s'implantant en parallèle à l'Oued de Béni-Messous, à 5 km de son embouchure dans le littoral algérois (baie d'El Djamila). Des compagnes ont été menées pour effectuer des prélèvements au niveau de chaque entrée des quatre bassins de la station d'épuration de Beni-Messous et à la sortie du dernier. Les pollutions étudiées sont la pollution organique, minérale et bactériologique.

Notre travail se présente en deux grandes parties :
- Une première partie, synthèse bibliographique, qui regroupe le nécessaire des connaissances théoriques en rapport avec notre thème et cela en quatre chapitres :

Chapitre I, qui a pour but d'étudier les grands principes d'élimination de la pollution organique (DBO_5, DCO et MES), la pollution minérale (nitrites, ammoniums et orthophosphates) et la pollution bactériologique dans les procédés d'épuration par lagunage naturel.

- Une deuxième partie, consacrée à l'étude expérimentale, comprend quatre autres chapitres :

Chapitre II, celui-ci donne un aperçu sur le site d'échantillonnage (la station d'épuration par lagunage naturel de Beni Messous), sa situation géographique, démographique et son réseau hydrologique. Afin de mieux cerner et comprendre les facteurs qui pourraient influencer le traitement des eaux usées par ce type de procédé une étude des conditions climatique a été réalisé.

Chapitre III, où nous présentons et discutons les résultats obtenus durant cette étude pour les 3 types de pollutions étudiées: organique, minérale et bactériologique.

Chapitre IV. Dans ce chapitre des modèles cinétiques de dimensionnement seront appliqués pour établir les différentes corrélations entre charge éliminée et charge appliquée, et calculer les constantes cinétiques et les charges maximales admissibles dans les lagunes de Beni Messous; une modélisation de l'abattement des bactéries est également réalisée.

Nous terminerons par une conclusion générale.

Etude bibliographique

Chapitre I. Mécanismes épuratoires dans le lagunage

Introduction

Les zones humides sont des zones de transition entre les systèmes terrestres et les systèmes aquatiques où la nappe phréatique est proche de, ou atteint, la surface du sol, surface qui peut être recouverte d'eau peu profonde (*Rogerri*, 1995) [1].

Tous ces écosystèmes liés à l'eau se succèdent selon un gradient de hauteur de la nappe aquatique par rapport au niveau du sol. Chacun de ses compartiments peut être associé à un écosystème extensif d'épuration des eaux usées. Parmi les différents écosystèmes, on distingue : les écosystèmes d'eau libre, sans végétation supérieure, les prairies flottantes à hydrophytes libres, les prairies à hydrophytes fixés et à feuilles nageantes, les prairies immergées à hydrophytes nageant ou fixés, les ceintures de végétation semi aquatique, les marais et les marécages, les forêts humides à végétations ligneuse. On estime à plus de 80 le nombre de végétation rencontrés dans les zones humides et pouvant intervenir dans l'épuration des eaux (*Kadlec et Knight*, 1996) [2].

Les systèmes d'épuration des eaux usées par lagunage naturel se sont largement développés aux Etats-Unis depuis 1960. Leurs premiers rôles ont consisté à affiner les effluents secondaires issus des stations d'épuration à boues activées et à traiter les eaux de drainage. La recherche sur l'utilisation des algues aquatiques s'est surtout développée entre 1980 et 1990, en Floride, suite aux essais de la NASA (*National Aeronautics and Space Administration*) en 1975 (*Wolverton*, 1987) [3]. Depuis, de nombreux sites de recherche et stations d'épuration ont été construits en Floride, en Thaïlande, en Japon, au Inde…etc. La rudesse de climat n'a pas été en faveur de développement de cette technique d'épuration en Europe. En Afrique, cependant, où les conditions climatiques sont favorables au fonctionnement des procédés d'épurations naturels, elles sont presque restées inconnues (*Koné*, 1998) [4].

L'utilisation des algues pour éliminer les nutriments des eaux polluées et lutter contre l'eutrophisation des cours d'eau et des lacs a aussi été un des moteurs de la recherche des pays précurseurs. Leurs capacités d'assimilation de l'azote ou du phosphore ne sont plus à démontrer aujourd'hui. Ces stations se sont montrées très performantes dans l'élimination de la pollution carbonée avec des rendements pouvant atteindre 95% sur les principaux paramètres MES, DBO_5, DCO, azote et phosphore (*Dinges* ; 1978 [5], *Wolverton et McDonald* ; 1979b [6], *Debusk et Reddy* ; 1987 [7], *Kumar et Garde* ; 1990 [8]). Ces résultats ont encouragé le développement de la recherche vers d'autres voies, notamment l'utilisation des algues pour l'absorption des polluants spécifiques dans l'eau et les filières de recyclage de la biomasse produite dans les bassins d'épurations.

Cependant, l'influence des paramètres environnementaux sur le déroulement des processus qui conduisent à l'élimination des polluants dans ces bassins n'est toujours pas bien élucidée. Les théories régissant les grands principes d'épuration dans les bassins à biomasse fixée ont souvent été transposées pour traduire l'élimination des polluants dans les bassins de lagunage naturels. L'analyse des données rapportées dans la littérature montre pourtant que ces théories n'expliquent pas toujours le fonctionnement de ce type de traitement, où les mécanismes réactionnels mis en jeu peuvent être influencés par plusieurs facteurs, parmi lesquels on peut citer la couverture végétale, l'absence de rayonnement solaire direct et la disponibilité de l'oxygène dissous.

1. Elimination de la matière carbonée (MES, DBO, DCO)

1.1. Principe

La DBO_5 (Demande Biochimique en Oxygène) est un des paramètres physicochimiques d'estimation du carbone organique biodégradable dans une eau. En milieu pollué, le carbone est utilisé par les bactéries comme source d'énergie et pour la synthèse de nouvelles cellules. Cette dégradation peut se faire en présence ou en absence d'oxygène (Edeline, 1993 [9]).

L'élimination de la matière organique dans les bassins de lagunages est basée sur une relation symbiotique algues-bactéries, dans laquelle les bactéries utilisent l'oxygène fourni au milieu par les algues pendant la photosynthèse pour dégrader le carbone organique. En retour, les sous- produit de cette réaction tels que NH_4^+ et le CO_2 sont utilisés par les algues (Polprasert et Khatiwada, 1998 [10]). La source de carbone pour la photosynthèse est discutée dans la littérature puisque d'autres auteurs estiment que le CO_2 utilisé par les algues pourrait provenir de l'air et non de l'eau. C'est ce qui expliquerait la stabilité du pH généralement observée dans les lagunes couverts des algues (Bowes et Beer, 1987 [11] ; Urbanc et Gaberscik, 1989 [12]).

Les bassins à algues sont différenciés en trois zones selon le potentiel redox (Reddy, 1984a [13]).

La première zone correspond à la rhizosphère, elle est le lieu où se déroule la dégradation aérobie. Selon le même auteur, le potentiel redox de cette zone est supérieur à 300 mV.

La deuxième zone est comprise entre la rhizosphère et les sédiments. C'est souvent la zone la plus importante en volume. Elle est le siége des bactéries anaérobies facultatives qui utilisent, dans l'ordre de préférence, les nitrates, les oxydes de manganèse et l'ion ferrique comme accepteur final d'électron pour la dégradation du carbone organique (Delgado et al, 1994 **[14]**). Le potentiel redox de cette zone est compris entre −100 et 300 mV.

La troisième zone ce situe dans les sédiments où ont lieu les réactions strictement anaérobies. En l'absence de nitrates, les sulfates et le dioxyde de carbone sont utilisés comme capteur d'électrons.

1.2. Oxygénation par les algues

On montre que les rendements d'élimination de la matière organique décroissent de la zone 1 (aérobie) vers la zone 3 (anaérobie) (Reddy, 1984b **[15]**), ce qui supposerait que plus le bassin est oxygéné, meilleurs sont les résultats d'abattement de la matière carbonée. Cependant, l'épaisseur de ces zones n'est pas souvent établie dans les bassins d'épuration et l'influence des charges organiques sur la disponibilité de l'oxygène n'est pas toujours connue. On estime que les algues apportent 90 % de l'oxygène nécessaire aux réactions de dégradation aérobie dans les bassins d'épuration. L'oxygénation des lagunes contribue à l'oxydation de molécules nauséabondes telles que H_2S (Armstrong, 1978 **[16]**).

Les théories concernent l'abattement de la DBO dans les bassins à algues n'ont pas connu d'évolution notable par rapport à celle qui existent déjà. Les mécanismes réactionnels sont identiques à ceux des systèmes à biomasses fixées. La complexité de la modélisation des mécanismes épuratoire vient du fait que toutes ces réactions se déroulent dans un seul bloc, influencées par les conditions de fonctionnement et le contexte climatique qui eux-mêmes influencent la physiologie de phytoplancton. La quantification des taux de transfert d'oxygène par les algues via le milieu pollué devrait être une des voies de succès dans le processus de modélisation des mécanismes épuratoires. En effet, l'importance des différentes zones telles que décrites par Reedy (1984a, **[13]**) est fonction de la répartition de l'oxygène dans le milieu.

Cet apport d'oxygène influence le potentiel redox qui caractérise le pouvoir oxydant ou réducteur du milieu, sa diffusion est contrôlée par la charge organique dans les bassins (Brix, 1997 **[17]**).

1.3. L'influence des MES

Les matières en suspension (MES) constituent une bonne partie de la pollution carbonée. Leur abattement contribue donc à un meilleur rendement sur la DBO_5 et la DCO. La théorie admise à ce sujet est celle qui présente le phytoplancton comme une barrière physique freinant le transport des MES vers la sortie des bassins et contribuant ainsi à leur décantation et digestion dans les sédiments (Kim et al., 2001 **[18]**).

Le bilan de matière n'ayant pas été établi, il est difficile de discuter du devenir des MES dans les lagunes à algues. Une étude montre que 42% des MES sont retenues dans les bassins maintenus à l'obscurité (Kim, 2000 **[19]**).

On ne connaît pas encore la vitesse d'accumulation des sédiments pour ces systèmes. Les réactions anaérobies, se déroulant dans les tranches inférieures de la colonne d'eau, dégage du biogaz qui adhère aux MES et les font remonter à la surface (Charbonnele and Simo, 1989 **[20]**). Selon cette théorie, très peu de sédiments se déposent dans ces bassins, puisque la majeur partie des MES sont piégées par le phytoplancton et exportées avec les récoltes régulières des algues, le reste étant digéré par les bactéries et dans les sédiments. Cette thèse mérite d'être appuyée par des données expérimentales établissant un bilan de matières en fonction des charges admises.

2. Elimination de l'azote et de phosphore

2.1. Azote

2.1.1. Principe

L'azote se trouve sous la forme organique d'ammonium (NH_4^+) et de nitrates (NO_3^-, dans de faibles proportions) dans les eaux usées. Les différentes réactions qui conduisent à l'élimination de l'azote dans les lagunes naturelles sont l'ammonification (oxydation de l'ammonium en nitrate), la volatilisation (transformation de l'ammonium en ammoniac) et la dénitrification (réduction des nitrates en azote gazeux N_2). Chacune de ces réactions est dépendante de l'état d'oxydation du milieu et de la disponibilité en oxygène dissous. En présence des algues, les principales réactions de l'élimination de l'azote sont la nitrification/dénitrification et l'assimilation par les algues (Brix, 1997; Reddy and D'Angelo, 1997 [21]).

Dans les lagunes à algue l'élimination de la pollution azotée se fait par deux voies qui sont la volatilisation de l'ammoniac ou stripping et l'assimilation par la biomasse algale (Gomez & al, 1994 [22]).

2.1.2. Volatilisation de l'ammoniac (Stripping)

Dans les solutions aqueuses, l'azote ammoniacal existe sous forme ionisée (NH_4^+) et non ionisée (NH_3). Ces deux formes sont liées. e.g (1),

$$NH_3(g) + H_2O \Leftrightarrow NH_4^+ + OH^- \qquad pKa = 9.2 \qquad (1)$$

La volatilisation consiste en un transfert de NH_3 à partir de la solution aqueuse vers l'atmosphère. Ce phénomène est contrôlé par plusieurs facteurs physico-chimiques (pH, T°,....) et hydrodynamiques (Conditions d'écoulement) du milieu aqueux (EL Halouani.H., 1992 [23]).

La forme ionisée (NH_4^+) domine pour des pH inférieurs à 9, alors que pour des pH supérieurs à 9 c'est la forme non ionisée (NH_3) qui prédomine (Minocha & Prabbhakar R., 1988 [24]).

Le stripping de NH_3 peut être exprimé par une réaction du premier ordre selon la formule suivante (N. Ouazzani & al., 1997 [25]). e. g.(2),

$$\frac{C}{C_o} = \frac{1}{1+\frac{A}{Q} \times K \times f(pH)} \quad (2)$$

K : fonction de la température et des conditions du mélange,
A : surface du bassin (m^2),
Q : charge hydraulique (m^3/j),
f (pH) : fonction de pH.

L'élimination de l'ammoniac par stripping est élevée pendant l'été où le pH dans les bassins peut atteindre une valeur de 11.

Plus que 90% de l'azote ammoniacal est sous forme de gaz à pH = 10.5 et à 20°C, mais seulement 20% est volatile à pH = 9 et à 10°C (Nurdogan.Y, 1988 [26]).

Dans les lagunes l'élévation du pH est due à une assimilation photosynthétique des bicarbonates. En effet, au cours d'une intense photosynthèse, la croissance des algues à partir du CO_2 dissous s'accompagne du changement dans l'équilibre de l'acide carbonique vers plus de HCO_3^- et moins de CO_2. Dans ces conditions l'élévation du pH est due à une production des ions OH^-.

2.1.3. Assimilation algale

Consiste en une transformation de l'azote minéral en azote organique particulaire. Les algues, par leur activité photosynthétique, incorporent les nutriments des eaux usées dans leur biomasse (Oswald.J.W, 1988 **[27]**; EL Halouani.H, et al. 1992 **[28]**). e.g. (3) :

$$106CO_2 + 182H_2O + 16NH_4^+ + HPO_4^{2-} \Leftrightarrow \underbrace{C_{106}H_{181}O_{46}N_{16}P}_{\text{Algue}} + 118O_2 + 17H_2O + 14H^+ \quad (3)$$

Cette assimilation dépend de l'activité biologique du système. Elle est affectée par la température, la charge organique et les caractéristiques des eaux brutes. La majorité d'algues utilisent comme source d'azote l'ion ammonium (N-NH_4^+). En présence de ce dernier, les nitrates ne sont pas utilisés ; en effet, la présence de l'ion ammonium et de la lumière inhibent la formation des nitrates- réductases nécessaires à l'assimilation des nitrates (Flores.E & al, 1980 **[29]**). D'autres auteurs ont suggéré que l'effet de l'ion ammonium est relié au contrôle de l'assimilation des nitrates, l'ion ammonium étant le produit final de la réaction des nitrates, e. g. (4) provoque une inhibition du type « feed back » et une répression du système responsable de l'assimilation et la réduction des nitrates (Kaplan.D & AL, 1986 **[30]**).

$$NO_3^- \rightarrow NO_2^- \rightarrow N_2O_2 \rightarrow NH_2OH \rightarrow NH_4^+ \quad (4)$$

En outre, dans les eaux usées domestiques les nitrates sont en faible quantité et les algues utilisent surtout la forme ammoniacale. Mais si le stade d'épuration par les algues est précédé d'un traitement par boues activées ou filtre bactérien, les nitrates se trouvent en quantité importante.

La plupart des travaux effectués sur la nutrition algale ont montré que l'assimilation représente 7 à 10 % du poids sec des algues (Wrigley and Toerien ; (1990) **[31]**; Picot & al., 1991**[32]**).

Les algues prèfèrent assimiler les ions ammoniums sur les autres formes d'azote inorganique. Ainsi toute autre forme inorganique est réduite en ion ammonium avant d'être incorporée dans la biomasse algale.

2.1.4. Rôle des algues dans l'élimination de l'azote

Lorsque les bassins sont totalement couverts, l'azote dans le milieu se trouve sous forme organique (sédiments et détritus) ou minérale (ammonium et nitrates). De bonnes corrélations sont établies entre les rendements d'élimination et les concentrations initiales en azote ou avec la densité des algues (Reddy and Debusk, 1985 [33]). Plusieurs études ont montrées que l'ammonium est la forme d'azote préférentiellement utilisée par les algues (Aoi and Hayachi, 1996 [34]). L'assimilation de l'azote semble être contrôlée par un processus enzymatique, alors que c'est un phénomène de diffusion qui contrôle le prélèvement de l'ammonium (Nelson et al., 1981 [35]). C'est ce qui expliquerait (selon ces auteurs) que le taux d'assimilation de l'ammonium ne varie pas dans la journée, tandis que le prélèvement des nitrates par les algues ce déroule seulement le jour lors de la photosynthèse. Une autre étude montre par ailleurs qu'une forte concentration de l'ammonium peut inhiber la formation des nitrates réductases et empêcher ainsi l'assimilation des nitrates par les algues (Reddy and Debusk, 1987 [36]).

L'assimilation de l'ammonium est fonction de la productivité des algues. Dans une station d'épuration, elle peut être maximisée par des récoltes régulières (Debusk and Ryther, 1984 [37]). La contribution des algues dans l'élimination globale de l'azote et très discutée dans la littérature, car elle dépend des concentrations initiales en azotes, de la densité des algues et de la qualité des eaux traitées (Reddy and Debusk, 1984 [38]). Il est montré que l'azote stocké dans l'algues n'augmente pas avec la concentration du milieu en ammonium, mais la forte densité des algues peut entraîner une baisse de l'azote lorsque il est insuffisant dans le milieu (Reddy et al., 1989b [39]).

La présence des algues dans les bassins fournit aux communautés bactériennes présentes un support de fixation. Celles-ci forment un biofilm qui contribue à la dégradation des polluants. L'oxygène diffusé dans ce milieu permet le développement de bactéries nitrifiantes, responsable de la nitrification de l'ammonium. Les nitrates formés dans cette zone diffusent dans les couches inférieures où ils ont transformés en azote élémentaire (N_2) par dénitrification. Il est dorénavant admis que la nitrification/dénitrification contribue pour une grande part à l'élimination de l'azote dans les lagunes. Lorsque les concentrations de l'azote sont suffisantes et que les conditions de milieu le permettent, la nitrification/dénitrification peut représenter plus de 60% de l'azote perdu dans les bassins (Bachand and Horne, 1999 [40]).

Cependant l'importance de ces réactions dépend du potentiel redox du milieu (Tannaret et al., 1999 [41]). Une étude montre que les réactions de nitrification/dénitrification est optimale lorsque le potentiel redox est compris entre –50 et 0 mV, et dans la gamme de concentration en oxygène dissous de 1,5 à 2,5 mg O_2/L (Koottatep and Polprasret, 1999 [42]).

La multitude des paramètres qui influencent l'élimination de l'azote dans ces systèmes ne permet pas de transposer les résultats d'expérimentation acquis dans des différentes conditions. Le rôle des algues dans l'élimination de l'azote semble être prépondérant soit par stockage soit par simulation des réactions de nitrification/dénitrification.

2.2. Phosphore

Tout comme l'azote, le phosphore est un constituant essentiel pour le développement des algues, sa disponibilité ayant une influence directe sur leur croissance. La présence des algues crée un environnement physico-chimique favorable à l'absorption et à la complexation du phosphore inorganique, qui est ainsi assimilé sous forme d'ortho-phosphate. Cette assimilation est influencée par la disponibilité de l'azote. Elle s'accroît avec les concentrations d'azote et peut donc être freinée par une carence d'azote (Ruddy and Tucker, 1983 **[43]**). L'assimilation du phosphore augmente avec la productivité et la densité des algues (Reddy and D'Angelo, 1990 **[44]**).

En plus des quantités exportées par les algues lors des récoltes, l'élimination du phosphore dans les lagunes est aussi contrôlée par un ensemble d'interactions physicochimiques contrôlées par le potentiel redox, le pH, les ions Fe^{3+} et Al^{3+} et Ca^{2+} et la quantité de phosphore naturel dans le sol en place (Richardson, 1985 **[45]**). Le pH et le potentiel redox contrôlent la mobilité du phosphore. En milieu acide, le phosphore inorganique réagit avec les ions ferriques et aluminiums pour former des composés insolubles qui précipitent. A pH basique, il précipite préférentiellement avec le calcium (Richardson and Craft, 1993 **[46]**). Plusieurs auteurs ont observé que la formation de complexe Fe-P et Al-P diminuait avec le potentiel redox ce qui conduit à une redissolution des complexes formés (Olila and Reddy, 1997 **[47]**). Cependant, cette influence peut être atténuée dans des eaux riches en calcaires avec de faibles concentrations en ions complexant.

Les valeurs de pH dans les bassins sont généralement stables et comprises entre 6.5 et 7.5. Ce paramètre aura donc très peu d'influence sur la précipitation du phosphore (Good and Patrique, 1987 **[48]**). L'étude comparative de la complexation du phosphore dans les sédiments de deux lacs différents a montré que les complexes Fe-P sont préférentiellement formés en milieu pollué, anaérobie (lac eutrophe), alors que dans le lac mésotrophe, ce sont les complexes Al-P qui sont formés (Ku et al., 1978 **[49]**).

3. Les grands principes

Si la technique employée pour mettre en place ce genre de système de retraitement des eaux usées peut être plus ou moins complexe, le principe reste alors toujours le même. Les eaux vont passer successivement dans différents bassins dans lesquels différents organismes interviennent afin d'éliminer la charge polluante.

Avant l'entrée des eaux dans le premier bassin, un pré-traitement est réalisé pour faciliter la suite des opérations. Dans un premier bassin, des bactéries interviennent pour éliminer les déchets (la matière organique) et les transformer en sels minéraux et en gaz. Par la suite, dans un deuxième bassin, ces produits sont récupérés par les plantes pour permettre leur développement. Celles-ci vont alors produire de l'oxygène (par photosynthèse). Les micro-algues (phytoplancton) seront consommées dans les derniers bassins par le zooplancton (animaux microscopiques). A la fin de cette étape (80 jours environ après l'entrée dans le premier bassin), les eaux sont aptes à être rejetées dans le milieu naturel.

3.1. Pré-traitement

En tête du premier bassin, une unité de pré-traitement permet une séparation mécanique simple de certains déchets : il évite ainsi un comblement accéléré des bassins. On distingue trois actions pour le pré-traitement :

- Un **dégrilleur** : barreaux inclinés espacés de 4 cm pour retenir les gros objets ;
- Un **déssableur** qui permet le dépôt des sables et des graviers au fond d'une fosse ;
- Une zone de **déshuilage** mécanique qui permet de retenir les graisses et les déchets flottants grâce à une cloison siphoïde.

Ces déchets extraits seront éliminés par incinération ou revalorisés (le sable pourra être utilisé en tant que remblais routier et les huiles pourront être soit régénérées soit incinérées).

3.2. Bassin N°1 : La minéralisation par les bactéries

Les eaux usées débarrassées des gros objets et des graisses passent alors dans le premier bassin. Dans une station de lagunage, ce bassin est généralement le plus grand. Il est légèrement surcreusé à l'amont, où arrivent les eaux usées, afin d'éviter tout phénomène de comblement accéléré. Sa forme arrondie en U évite les angles morts et facilite l'écoulement des eaux sans formation de zones aux eaux croupissantes. Dans ce bassin, l'élimination des déchets passe par deux voies :

• La **voie physicochimique** : naturellement des réactions chimiques ont lieu dans l'eau entre les différents éléments minéraux déjà présents. Ces réactions tendent vers une certaine neutralité entre les différents composés ;

• La **voie microbiologique** : C'est le moyen le plus efficace où les déchets organiques sont progressivement dégradés par les bactéries.

Ce sont les bactéries qui jouent le rôle principal dans l'épuration des eaux en éliminant la matière organique par un processus connu sous le nom de **minéralisation** : Cela consiste à dégrader de la matière organique complexe en composés minéraux simples grâce à l'activité d'un enchaînement de micro-organismes (dans l'eau : essentiellement constitué de bactéries).

$$\text{Matière organique} \xrightarrow{\text{Minéralisation}} \text{Matière minérale}$$

Cette minéralisation de la matière organique par les différentes bactéries permet la production d'eau, de sels minéraux (NH^{4+}, NO^{2-}, NO^{3-}, SO_4^{2-}, PO_4^{3-})

et de gaz (CO_2, H_2S, CH_4, NH_3 ...), qui vont progressivement se diriger vers le second bassin.

3.2.1. Définition des bactéries

Les bactéries sont des micro-organismes unicellulaires et procaryotes (une seule cellule sans noyau). Elles se reproduisent généralement par une simple division cellulaire et sont capable de résister à des conditions défavorables sous forme de spores. Présents sur le globe depuis 3,5 milliards d'années, ce sont les plus anciennes formes de vie mais aussi les plus abondantes car ayant réussi à coloniser tous les milieux [50].

Cette grande diversité des bactéries correspond à une impressionnante diversification pour s'adapter à des milieux différents. Ainsi, on pourra trouver des bactéries généralistes ou des bactéries hyper-spécialisées, certaines espèces dégradent des matières organiques brutes et complexes, alors que d'autres dégradent des déchets organiques très simples (sucres, acides organiques...), d'autres ne minéralisent que les éléments d'une seul famille chimique (azote, phosphore...) et d'autres enfin ne peuvent vivre que dans certaines conditions (parfois extrêmes) de température, de pH, d'oxygène dissout, de salinité... ou de qualité de l'eau.

3.2.2. Classification simplifiée

Malgré la grande diversité des espèces, la classification des êtres vivants permet de les regrouper selon leurs homologies (anatomiques, comportementales, chronologiques...). Une des classifications consiste à regrouper les bactéries selon le type de nutrition et d'énergie utilisé lors de la minéralisation :

1- Les bactéries utilisent l'énergie lumineuse : phototrophie

- Ces bactéries, à la manière des plantes, utilisent directement les éléments minéraux présents dans l'eau : ces bactéries sont dites photo-autotrophe (ou photolithotrophe) ;

- Plus rarement, ces bactéries récupèrent leur source de carbone directement dans la matière organique : ces bactéries sont dites photo-hétérotrophe (ou photo-organotrophe).

2- Les bactéries utilisent l'énergie issue de l'oxydation chimique des matériaux : chimiotrophie

- Si ces bactéries utilisent une source de carbone composée d'éléments minéraux (gazeux ou ioniques) : ces bactéries sont dites chimio-autotrophe (ou chimio-lithotrophes) ;

- Pour les plus abondantes dans la station de lagunage, si les bactéries utilisent une source de carbone composé d'éléments organiques complexes : ces bactéries sont dites chimio-hétérotrophes (ou chimio-organotrophes).

• Les **bactéries exogènes,** ce sont celles qui arrivent avec les effluents : elles sont de bonnes indicatrices de la pollution microbiologique. Malgré une très grande diversité, certaines de ces bactéries peuvent être ***pathogènes*** (c'est à dire porteuses de maladies) ; il convient donc de les éliminer au fil de l'épuration afin d'éviter toute contamination bactériologique en aval dans l'étang. Avant même d'arriver dans la station de lagunage, les changements de milieux successifs vont entraîner la forte diminution de leurs effectifs ;

• Les **bactéries endogènes,** présentes naturellement dans les bassins grâce à l'ensemencement naturel, vont jouer un rôle pour dégrader la matière organique. Selon les caractéristiques physico-chimiques des eaux, les espèces les mieux adaptées à leur milieu de vie vont rester présentes dans les bassins. La grande diversité des espèces de bactéries présentes dans les bassins correspondent à des adaptations des micro-organismes aux changements de

conditions : qualité de l'eau, résistance à la pollution.... .On distingue alors trois types de bactéries endogènes dans les bassins :
- Les **bactéries anaérobies strictes**, vivent enfouies dans les sédiments ou, dans une profonde tranche d'eau désoxygénée. Elles n'utilisent pas le processus de la respiration (l'oxygène est un poison pour leur métabolisme) mais celui de la fermentation. La minéralisation est alors caractérisée par une forte production de gaz souvent malodorant connu sous le nom de "gaz des marais" ;
- Les **bactéries aérobies strictes** ont obligatoirement besoin d'oxygène pour respirer. Elles sont alors présentes dans la tranche d'eau bien oxygénée et dégradent la matière organique dissoute présente en suspension. L'oxygène nécessaire à leur métabolisme est naturellement présent dans l'eau, grâce aux échanges gazeux entre l'eau et l'atmosphère et grâce à la forte production d'oxygène du phytoplancton ;
- Les **bactéries aérobies et anaérobies facultatives** sont moins exigeantes envers le taux d'oxygène dissout. Certaines tolèrent des variations alors que d'autres vivent insensiblement quelque soit l'oxygénation de l'eau. La répartition de ces bactéries est relativement homogène sur toute la tranche d'eau avec des concentrations plus importantes aux zones les plus favorables pour chaque espèce (afin d'éviter toute compétition).

A noter : On constate ponctuellement, dans l'année, deux fortes transitions dans les populations des organismes de la station de lagunage: à la sortie du printemps et à l'entrée de l'automne, quand des fortes variations de température et des augmentations de charge ont lieu. Ces phénomènes se matérialisent par un développement des bactéries anaérobies, qui par fermentation, entraîne un dégazage parfois malodorant (SH_2, CH_4) et un relargage des boues. Lorsque la transition bactérienne a eu lieu, le dégazage s'arrête et les boues sédimentent de nouveau au fond des bassins [51].

Le passage d'un bassin à l'autre se fait naturellement, sans électricité : l'écoulement des eaux d'un bassin à l'autre est gravitaire ; les bassins sont successivement les uns plus bas par rapport aux autres, et l'eau va pouvoir circuler, par trop plein, d'un bassin à l'autre, sans risque de retour possible. Les" déchets" des bactéries (eau, gaz et sels minéraux), sont ensuite évacués naturellement vers le deuxième bassin et vont être utilisés par les plantes.

3.3. Bassin N°2 : Le rôle des plantes

Après la première action menée par les bactéries pour dégrader la matière organique, les plantes vont intervenir pour fixer les produits issus de la minéralisation.

L'eau arrive donc dans ce deuxième bassin. Ce bassin est deux fois plus petit, avec une profondeur de 1,10 m (en moyenne). Cette faible profondeur est importante pour permettre l'action du soleil : Rôle bactéricide des ultra-violets, mais surtout, ici, pour permettre la photosynthèse et donc favoriser les phénomènes aérobies.

Les nutriments présents (sels minéraux, dérivés des lessives et dans une moindre mesure des engrais minéraux issus de l'agriculture) et le CO_2 (déchet de la respiration de certaines bactéries) vont être assimilés par les plantes pour permettre leur croissance. Ces organismes autotrophes vont transformer, directement grâce à l'énergie solaire, les différents sels minéraux et le CO_2 en tissu organique (sucres) pour la plante et en oxygène évacué dans le milieu extérieur : c'est le phénomène de la **photosynthèse.**

Equation globale de la photosynthèse :

Sels minéraux+CO_2 +H_2O ⟶ Sucres (développement algal) +H_2O +O_2

Le choix des plantes utilisé pour l'épuration des eaux peut être très variable selon les facteurs d'implantation de la station de lagunage ; que ce soit pour des raisons économiques, esthétiques ou, selon les types de pollutions traitées, on distinguera alors deux types de lagunages naturels classés selon les types de végétation :

3.3.1. Le lagunage à macrophytes

Il est caractérisé par la présence de plantes visibles à l'œil nue. Il est constitué de plantes immergées ou émergées, enracinées ou non tels que les roseaux, les massettes, les joncs, les scirpes, les laîches, les lentilles d'eau ou les jacinthes d'eau (voir photo 1). Les bassins sont alors généralement de plus faible surface et moins profond (0,6 à 0,8 m) **[52]** où la charge polluante est plus faible.

Photo 1 : Le lagunage à macrophytes

Les intérêts :
• Aspect esthétique et paysager,
• Accroissement important des surfaces de fixation pour le périphyton (augmentation de l'oxygénation) et pour certaines bactéries minéralisatrices endogènes,
• Augmentation de la capacité de filtration par un important réseau racinaire,
• Bon rendement épuratoire en ce qui concerne l'élimination de la matière organique, de la matière en suspension (MES), des sels nutritifs et des métaux lourds (pour certaines espèces).

Les inconvénients :
• Augmentation des coûts de fonctionnement du fait d'un entretien plus lourd (faucardage, arrachage pour éviter l'envahissement des zones en pleine eau...) ;
• Augmentation du volume de matière organique occasionné par ces plantes elles-mêmes (feuilles à l'automne, déchets du faucardage, mort des annuelles et bisannuelles...) et donc une baisse du rendement épuratoire à certaines saisons.

3.2.2. Le lagunage à microphytes :

Dans ce type de lagune, les plantes sont uniquement représentées par le phytoplancton, algues microscopiques de 1/100ème de mm en moyenne, mais jouant le même rôle que les macrophytes dans la fixation des nutriments. On distingue quatre grands groupes de micro-algues représentant plus de 100 000 espèces :
• **Les algues bleues** ou, cyanophycées, sont des organismes procaryotes, c'est à dire sans noyau défini, elles sont riches en un pigment bleuté : la *phycocyanine* ;
• **Les algues vertes** ou, chlorophycées (voir photo ci-dessous), sont comme les groupes qui vont suivre des eucaryotes. Ces algues sont caractérisées par la présence d'un pigment vert : la *chlorophylle* (a et b) ;

Photo 2 : Les algues vertes

• **Les algues brunes** ou, phaeophycées, révèlent un excès de *caroténoïdes* donnant cet aspect brun à jaune d'or (photo 3) ;

• Enfin, **les algues rouges** ou, rhodophycées présentent, pour elles, un excès de *phycoérythrine*.

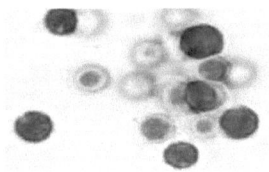

Photo 3 : Les algues brunes et rouge.

Ces nombreuses espèces, dont certaines sont à la limite du règne végétal, sont également étonnantes dans les variétés de forme et de taille. En effet, de nombreuses espèces ont acquis certaines adaptations pour mieux répondre aux exigences du milieu :

• La taille définit, ainsi la vitesse de précipitation (loi de Stokes : la vitesse de précipitation augmente avec la taille) d'où la présence de nombreux micro-planctons (nanoplanctons: voir photo 4) ;

• Des **excroissances** symétriques se développent pour augmenter le rapport surface / volume afin de freiner la vitesse de sédimentation ;

• Des phytoplanctons ont développé des vacuoles de gaz (cyanophycées) ou de lipides (Péridiniens) pour faire **varier leur densité** ;

• Présence de **flagelles** pour les déplacements ;

• Présence d'un système de **propulsion** chez les Diatomées par expulsion orientée d'eau, permettant leur déplacement.

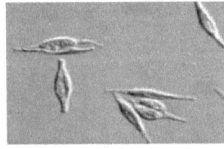

Photo4 :Nanoplanctons

Malgré ces excellentes adaptations à leur milieu, la mortalité est élevée (par sédimentation, prédation, compétition, diminution des ressources...) et elle doit être compensée par une **reproduction efficace**. En effet, essentiellement asexuée, la reproduction est une simple division cellulaire rapide et efficace (taux de génération: 63 536 en 48 h. chez certaines espèces) **[53]**.

Les espèces de micro-algues présentes dans les bassins sont adaptées à des conditions spécifiques (physico-chimiques et climatiques). Aussi, les variations de ces conditions (arrivée de l'hiver, changement de la composition des eaux usées,...) entraînent des changements importants dans la composition des différentes espèces d'algues.

3.3.3. Les différents types d'algues

Les différentes études réalisées essentiellement sur le traitement des eaux par lagunage naturel mettent en évidence l'important développement d'algues phytoplanctoniques dont l'essentiel des espèces appartient à la famille des Chlorophycées (Oswald *et al.*, 1953 **[54]** ; Edwards et Shichumpasak, 1981) **[55]**.

Quelle que soit la zone géographique de l'installation, *Chlorella sp.*, *Scenedesmus sp.* Et *Micractinium sp.* Forment les genres les plus observés dans ces milieux lagunaires représentant ainsi les genres universels pour le traitement de l'eau usée (Oswald et al., 1953 **[54]** ; Shelef *et al.* 1977 **[56]**; De Pauw *et al.*, 1980 **[57]** ; Edwards et Sinchumpasak, 1981 **[55]**; Banat *et al.*, 1990 **[58]**; Nurdogan et Oswald, 1995 **[59]**; Canovas *et al.*, 1996 **[60]**).

En plus, ces auteurs précisent que l'espèce *Phaeodactylum tricornutum* est très performante et peut être maintenue en culture pure. Malgré le fort potentiel des macroalgues dans le traitement des eaux usées, le développement de telles espèces en bassin de lagunage n'a pas fait l'objet d'une attention particulière.

De nombreux facteurs peuvent modifier la composition spécifique du milieu lagunaire. Ainsi, certains auteurs ont mis en évidence la responsabilité de **la température** sur les successions phytoplanctoniques (Eppley, 1972 [61]; Goldman et Ryther, 1976 [62]). Notamment, l'étude en laboratoire de Goldman (1977) [63] montre que l'espèce dominante dans des milieux de culture issus d'un mélange d'eau de mer et d'eau usée (EM/EU=1/1) est représentée par *Phaeodactylum sp.* Pour les faibles températures (T<10,3°C), *Nitzschia sp.* Entre 10,3 et 27°C et *Oscillatoria sp.* Lorsque la température est supérieure à 27°C. Cependant, cette dernière espèce n'a jamais été observée dans les conditions naturelles.

Cromar *et al.* (1997) [64] observent que le **temps de séjour** représente un facteur qui est susceptible d'orienter le développement spécifique dans une lagune sous serre : *Phormidium sp.* domine sur *Chlorella sp.* lorsque les temps de séjour sont importants. Ces mêmes auteurs précisent que **la charge organique** (exprimée en g DCO.$m^{-2}.j^{-1}$) peut avoir un effet complémentaire au temps de séjour avec une domination de *Scenedesmus sp.* lors de faibles charges et *Phormidium sp.* lors de plus fortes charge. La combinaison d'une faible charge organique et d'un long temps de séjour est à l'origine de l'apparition des cyanobactéries.

L'apparition du **broutage zooplanctonique** (cladocères, rotifères...) représente un important facteur responsable de la succession phytoplanctonique à l'intérieur de bassins de lagunage. Sous la pression de *Brachionus sp.*, la population de *Scenedesmus sp.* peut être rapidement éliminée et être remplacée par *Micractinium sp.*, ces dernières ont la faculté de former de larges flocs qui empêchent le broutage des rotifères (Lee *et al.*, 1980 [65]; Edwards et Sinchumpasak, 1981 [66]; Lincoln *et al.*, 1983 [67]; Canovas *et al.*, 1996 [68]; Schlüter *et al.*, 1987 [69]).

3.3.4. La production phytoplanctonique

Afin d'estimer la biomasse et la productivité du phytoplancton à l'intérieur du bassin de lagunage, certains auteurs ont pu mettre au point quelques relations. Le taux de production phytoplanctonique dans le bassin de lagunage peut être estimé par l'équation présentée ci-dessous et définie par Mc Garry *et al.* (1973) [70].

$$P = (z/\theta) \times PK$$

où P, z et θ représentent respectivement la production algale (g sec.$m^{-2}.j^{-1}$), la profondeur de la lagune (m) et le temps de séjour (j). La variable PK exprime la concentration en phytoplancton (mg.L^{-1}) et peut être estimée comme une proportion des matières en suspension (Edwards et Sinchumpasak, 1981 [66]).

$$PK = \alpha \times MES$$

où α représente la proportion de phytoplancton dans les matières en suspension (MES). Azov et Shelef (1982) [71], Cromar et Fallowfield (1992) [72] estiment cette proportion entre 40 et 60%.

D'autre auteurs relient la productivité phytoplanctonique du bassin de lagunage en faisant intervenir la température et l'intensité lumineuse (Martin et Fallowfield, 1989 [73]), la DCO ou la DBO (Banat *et al.*, 1990) [74]. De leur côté, Kroon *et al.* (1989) [75] développent un modèle déterministe utilisant la propriété des algues à absorber les flux de photons.

La productivité phytoplanctonique couramment observée dans la littérature montre une gamme de variation se situant entre 15 et 45 g sec.$m^{-2}.j^{-1}$ (Shelef *et al.*, 1977 [76]; Lincoln et Hill, 1980 [77]; Fallowfield et Garett, 1985 [78]; Edwards et Sinchumpasak, 1981 [66]; Wood *et al.*, 1989 [79]; Banat *et al.*, 1990 [74]).

De nombreux facteurs influencent le taux de production phytoplanctonique dans le bassin de lagunage. Azov et Shelef (1982) [71] montrent qu'il existe un **temps de séjour optimal**, en fonction de la température et du rayonnement lumineux, pour obtenir une production algale maximale. La plupart des auteurs estiment que les **nutriments** ne représentent pas de contraintes à la production algale, toutefois, Goldman *et al.* (1972) [80] et Oswald et al. (1953) [81] soupçonnent une certaine limitation par le carbone. Cependant, Azov *et al.* (1982) [82], pensent qu'avec une DBO supérieure à 300 mg.L^{-1} dans l'effluent, le carbone ne doit pas être limitant pour la production algale.

3.3.5. Le rôle des algues

Les algues qui se développent dans le bassin de lagunage sont le principal moteur du traitement et de la désinfection de l'effluent. Ces algues présentent une action directe par l'assimilation des nutriments (essentiellement azote et phosphore) qui sont incorporés dans leur biomasse. Par leur activité photosynthétique, les algues ont une action indirecte d'une part en fournissant l'oxygène indispensable aux bactéries responsables de la dégradation de la matière organique et d'autre part, en favorisant à la fois la volatilisation de l'ammoniaque gazeux et la précipitation du phosphate et des métaux lorsque le pH augmente. Lors de la photosynthèse, l'absorption des carbonates par les algues détruit le pouvoir tampon du système aqueux et le pH peut atteindre des valeurs supérieures à 10 (Goldman, 1980) [83].

D'après l'équation stoechiométrique de l'assimilation algale déterminée par Shelef *et al.* (1978) [84], 1 g d'algue permet de piéger 86 mg d'azote et 12 mg de phosphore tout en relarguant 1,6 g d'oxygène. Eisenberg *et al.* (1981) [85] estiment que l'assimilation de l'azote est le principal phénomène expliquant la réduction de l'azote inorganique dissous dans l'effluent tant la proportion d'azote total reste stable entre l'effluent brut et l'effluent traité. Pourtant,

Hemens et Mason (1968) [86] estiment que la précipitation du phosphate est le processus majoritaire et Doran et Boyle (1979) [87] précisent que seul 10% est assimilé par les algues. D'ailleurs, Fallowfield et Garett (1985) [78] et Picot *et al.* (1991) [88] observent des pertes non négligeables en azote et en phosphore qui peuvent s'expliquer par ces phénomènes de volatilisation et précipitation. Cependant, Mesplé *et al.* (1995, 1996) [89], [90], établissant un modèle déterministe simulant l'évolution de la concentration en phosphate dans le bassin de lagunage montre que la prise en compte du processus de précipitation n'améliore pas la qualité de simulation du modèle.

3.4. Bassin N°3 : Le rôle du zooplancton

Le rôle du zooplancton est d'assurer la finition de l'épuration des eaux. Ils vont jouer un rôle important comme consommateur de micro-algues, et donc comme régulateur de ces populations phytoplanctoniques [91].

Les protozoaires :

Ces organismes unicellulaires sont les principaux prédateurs des bactéries (voir photo 5). Ils sont présents toute l'année sans manifester d'évolution numérique majeure. Quelques exemples de protozoaires: flagellés (peranema, astasia, bodo...), ciliées (paramécies, vorticelles, aspidisca, pleuronema...).

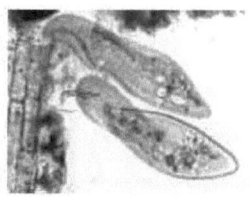

Photo 5 : Les protozoaires

Les Métazoaires :

Ces organismes pluricellulaires, d'une complexité plus grande, sont représentés dans les derniers bassins de la station de lagunage sous trois groupes dominants :

Les Rotifères :

Ce sont des vermidiens microscopiques de 200 mm à 1 mm de forme très hétérogène (voir photo 6). Ils représentent plus de 2 000 espèces regroupées en 22 familles. Le petit millier de cellules constituant leur corps a permis malgré leur taille très réduite, la constitution d'un organisme très complexe avec oeil, oesophage, cœur, estomac, intestin... mais sans tête ni membre.

Ce sont essentiellement des **microphages** consommateurs de bactéries, de micro-algues et de matière organique qui permettent une efficace clarification des eaux. Parfois présents dans les premiers bassins, ils peuvent vivre dans des eaux très peu oxygénées supportant de très grandes variations de la qualité du milieu.

Leur reproduction très efficace est particulièrement étonnante : il n'y a que des femelles se reproduisant par parthénogenèse (reproduction asexuée). Elles produisent de 10 à 40 œufs ovovivipares à la fois. Quand les conditions sont bonnes, il n'y a que la production de femelle, quand les conditions sont défavorables il y a alors la production de mâles (durée de vie de seulement quelques heures pour pouvoir s'accoupler). L'accouplement permet la production, par fécondation (reproduction sexuée), d'œufs de durée pouvant résister en vie ralentie pendant 40 ans (résistance à des amplitudes thermiques de -270 à +80 C°). Lors de l'éclosion, les oeufs de durée donnent naissance à des femelles toutes parthénogénétiques.

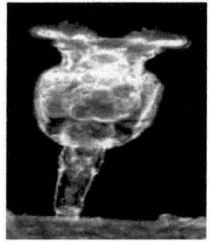

Photo 6: Les Rotifères

Les Copépodes :

Ce sont des petits crustacés (de 0,5 à 4 mm, photo 7) présent à la surface de l'eau qui sont de très efficaces prédateurs : ils consomment pêle-mêle du phytoplancton, des jeunes larves d'insectes et des cladocères. Dans les eaux douces, on peut distinguer 2 groupes de copépodes : les **Calanoïdes** phytoplanctonivores à longues antennules et les Cyclopoïdes à courtes antennules (zooplanctonivores pour les plus gros).

La reproduction est sexuée. La fécondation s'effectue dans des sacs (1 sac chez les Calanoïdes et 2 chez les Cyclopoïdes) portés par les femelles, donnant naissance de 1 à 30 larves par sac. A la naissance, les larves arachnoïdes (dites nauplius) vont devoir muer 6 fois avant de ressembler aux adultes. A ce stade, il faut encore attendre 5 mues successives pour pouvoir se reproduire. Puis les adultes pourront aller jouer leur rôle actif de reproducteur.

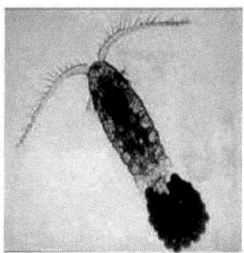

Photo 7 : Les Copépodes

Les Cladocères :
Ce sont des petits crustacés herbivores et détritivores de 0,2 à 3 mm, photo 8). Ils jouent un rôle important dans la station de lagunage et particulièrement dans les derniers bassins pour diminuer le taux de matière en suspension (filtration de la biomasse phytoplanctonique) et ainsi augmenter la luminosité. Cependant, leur mode de nutrition et leur respiration a tendance à diminuer le taux d'oxygène dissout. Leur taille relativement importante (facilitant leur pêche) et leur richesse protéique font des cladocères des organismes facilement **valorisables en aquaculture.**

Ces filtreurs efficaces, surtout représentés par le groupe des Daphnies, sont équipés de nombreuses pattes thoraciques munies de peignes pour prélever les particules alimentaires (phytoplanctons, matières organiques...), ainsi que de branchies pour filtrer l'oxygène dissout. Les cladocères se déplacent grâce à leurs antennes, mais cela n'est vraiment pas suffisant pour fuir les nombreux prédateurs présents. Pour compenser les nombreuses pertes, et pallier d'éventuelles disettes alimentaires ces organismes ont, comme les Rotifères, opté pour une reproduction partiellement asexuée et donc plus rapide et plus prolifique.

Traditionnellement les populations ne sont constituées que de femelles (dont les mâles sont parfois inconnus) qui se reproduisent seules, sans mâles, sans accouplement et donc sans fécondation : c'est la **parthénogenèse**. Les oeufs produits sont nombreux (de 1 à 50 en moyenne) ovovivipares (c'est à dire qu'ils éclosent dans la femelle) et ont une durée d'incubation brève (quelques jours). Selon les conditions du milieu, les œufs produits dans la poche dorsale incubatrice, donnent naissance soit à des femelles (quand les conditions externes sont favorables), soit à des femelles accompagnées de quelques mâles (quand les conditions se sont détériorées).

Si les conditions sont défavorables, les mâles (à vie relativement brève) vont s'accoupler aux femelles pour produire par fécondation (reproduction sexuée), **deux oeufs de résistance** (et pas plus). Ces oeufs sont protégés par une membrane chitineuse très résistante, qui va les préserver pendant les mauvaises conditions. Ces oeufs vont aussi pouvoir résister au gel, à la sécheresse et aux sucs digestifs des oiseaux. Les adultes, sous les effets des mauvaises conditions, vont mourir et ainsi libérer les oeufs de durée.

Les oeufs attendent des conditions favorables (parfois pendant plusieurs années), enfouis dans les sédiments, pour pouvoir éclore. Au retour des bonnes conditions, les deux oeufs donnent naissance à deux femelles qui de nouveau se reproduiront seules par parthénogenèse.

Photo 8 : Les Cladocères

3.5. Elimination de la pollution bactériologique

Les **germes pathogènes** (salmonelle, streptocoque, virus...), vecteurs de maladies, proviennent essentiellement des organismes vivants et notamment de notre flore intestinale. Ils font partie de ces micro-organismes exogènes qu'il faut absolument éliminer pour éviter tout type de contamination avale. Cependant, ces pathogènes sont très rares et donc difficiles à détecter. On utilise alors des *indicateurs* abondants et faciles à analyser, comme les germes de contamination fécale (coliformes fécaux notamment). Pour les éliminer, différents processus physico-chimiques ou biologiques ont lieu :

Dans la station de lagunage :
• **Rôle bactéricide des ultraviolets** (U.V.) grâce aux rayonnements solaires (d'où une faible profondeur d'eau permettant aux rayons d'atteindre le fond) ;
• Phénomène de **compétition** avec les espèces autochtones ;
• Forte **prédation** par des espèces bactériophages (zooplancton) ;
• **Production de substances inhibantes ou bactéricides naturelles** (antibiotiques par exemple) par certaines bactéries et micro-algues, entraînant la mort ou une baisse de la reproduction des pathogènes ;
• Durée du **cycle d'épuration longue** durant laquelle les germes peuvent être éliminés par ces différents processus (environ 80 jours).

Hors de la station de lagunage :
• **Choc thermique** à la sortie de l'organisme hôte et en sortant de la station de lagunage dans le milieu récepteur ;
• **Stress salin** à la sortie des bassins de lagunage.

4. Améliorations du système de traitement

Diverses techniques peuvent être adoptées pour optimiser la qualité du traitement en agissant sur les facteurs limitant la croissance et la production algale et sur les paramètres physiques des bassins de lagunage.

4.1. Action sur les facteurs limitant la croissance algale

D'abord, une action peut être menée pour **éliminer la pression du broutage zooplanctonique**, directement responsable de la chute de l'efficacité du traitement en favorisant l'apparition des phases "d'eaux claires" (Canovas *et al.*, 1991) **[92]**. A cet effet, Lincoln *et al.* (1983) **[67]** démontrent que l'augmentation de la concentration en azote gazeux vers des valeurs proches de 20 mg.L^{-1} dans l'eau à traiter peut détruire les blooms de zooplancton sans être toxique pour les algues.

Kawasaki *et al.* (1990) **[93]** préconisent d'**ajouter du fer** pour prévenir la limitation de la production algale par cet élément. En effet, l'ajout de fer jusqu'à une concentration de 1 ppm provoque une nette augmentation de l'assimilation des nitrates par *Scenedesmus sp.* et *Phormidium sp.* Malgré une possible limitation de la production algale par le carbone, les résultats de ces auteurs montrent que **l'ajout de CO_2 en solution peut s'avérer néfaste** pour l'élimination du phosphate. En effet, l'ajout de cet élément abaisse le niveau du pH, réduit la précipitation et augmente la dissolution du précipité formé entre le phosphore et les carbonates de calcium.

4.2. Action sur les paramètres du lagunage

Selon Azov et Shelef (1982) **[82]**, dans les zones tempérées, la **modification du temps de séjour** par changement de la profondeur est indispensable pour optimiser la production algale. Ces auteurs proposent une évolution de la hauteur d'eau en fonction du mois de l'année (Figure I.1). Ces auteurs précisent par ailleurs que le changement du temps de séjour en modifiant la surface de traitement peut être une autre alternative efficace.

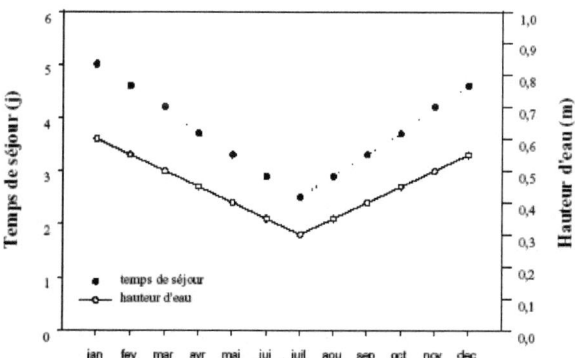

Figure I.1 : Gestion du temps de séjour selon Azov et Shelef (1982).

4.3. Elimination de la biomasse formée

L'augmentation de l'abattement en azote et phosphore peut être obtenue par élimination de la biomasse algale formée dans l'effluent traité. Toutefois, en raison de leur petite taille et de leur faible densité, la récolte du phytoplancton s'effectue par des procédés coûteux et souvent inefficaces qui ont certainement été l'obstacle principal du développement de ce système de traitement (Benemann *et al.* 1980 [**94**]). La **flottaison**, la **sédimentation**, la **précipitation**, la **centrifugation**, la **filtration** et la **floculation** sont les principales techniques utilisées (Dodd et Anderson, 1977 [**95**]; Moraine *et al.*, 1980 [**96**]; Benemann *et al.*, 1980 [**94**]; Eisenberg *et al.*, 1981 [**97**]; Bilanovic *et al.*, 1988 [**98**]). Afin d'augmenter le rendement et réduire le coût d'élimination des microalgues, certains auteurs ont amélioré ces techniques. Nurdogan et Oswald (1995) [**99**] augmentent la sédimentation en favorisant l'autofloculation des algues par ajout d'une solution de chaux.

D'autres auteurs immobilisent ces algues dans des substrats à base d'alginates ou carraghenanes

(Chevalier et De La Noüe, 1985 [**100**]; Travieso *et al.*, 1992 [**101**]; Tam *et al.*, 1994 [**102**]; Lau *et al.*, 1997 [**103**]). Craggs *et al.* (1997) [**104**] utilisent la propriété de certaines algues à se fixer aux parois pour limiter les besoins de filtration. Poelman *et al.* (1997) [**105**], ont mis au point la **floculation électrolytique** permettant d'éliminer 96% des algues avec un coût réduit en énergie (0,3 kWh.m^{-3}). Toutefois un problème de couverture des électrodes par le calcium et le magnésium peut être observé dans des eaux dures.

L'élimination de ces microalgues peut être réalisée en installant **une chaîne alimentaire artificielle** où un compartiment biologique supplémentaire se charge de consommer les algues produites par le lagunage. Ainsi, les microalgues sont consommées par des mollusques bivalves, du zooplancton ou des poissons herbivores (Goldman *et al.*, 1974a [106]; Edwards et Sinchumpasak, 1981 [55], Villon *et al.*, 1989[107]).

Une autre possibilité est de sélectionner une algue facilement récoltable. A cet effet, Pretorius et Hensman (1984) [108] utilisent une algue verte filamenteuse (*Stigeoclonium*) que l'on peut éliminer de l'effluent traité par simple tamis de 0,2 mm. Ainsi, le développement de macroalgues à l'intérieur du lagunage semble être une solution intéressante pour la réduction de coût d'élimination de la biomasse algale dans l'eau traitée.

5. Avantages et inconvénients du lagunage

Le principe de traitement biologique des eaux usées par la méthode du lagunage naturel semble être une très bonne solution à développer qui connaît cependant certaines limites.

En effet, malgré les immenses avantages que le lagunage peut procurer, le système présente cependant des failles qui peuvent limiter son utilisation. Aussi, c'est au regard de l'ensemble des techniques de traitement des eaux usées, qu'il faut voir un avantage. Les nombreuses techniques présentes (physico-chimiques ou biologiques, intensives ou extensives, séparatifs ou unitaires), sont chacune adaptées au type d'effluents qu'il lui faut traiter (selon la concentration, le volume, le type d'effluent...).

Les Avantages :

- **Faible coût d'exploitation** ;
- Bonne **intégration paysagère** ;
- Système **respectueux de l'environnement** ;
- Bonne **élimination des pathogènes, de l'azote et du phosphore** ;
- Production de **boues moins importante** (qu'une station classique de type " boues activées "), très minéralisées et donc peu fermentescibles ;

- **Curage peu fréquent** (1 fois tous les 10 ans dans les premiers bassins) et boues plus facilement **valorisables** ;
- Bien adapté pour les petites communes ayant des **fortes augmentations** de population estivale ;
- Hormis les coûts fonciers pour l'achat des terrains, les **coûts de fonctionnement sont faibles** (peu ou pas d'électricité) ;
- Bien **adapté au réseau unitaire** (les eaux pluviales jouant un bon rôle de dilution pour des fortes charges ponctuelles : vendanges par exemple) ;
- **Faible technicité** requise pour l'exploitant, surveillance régulière mais uniquement hebdomadaire du fait de la rusticité du système.

Les Inconvénients :
- **Forte emprise au sol** (en France 10 m^2 par habitant) limitant l'installation aux grandes communes ;
- Contrainte possible si l'installation nécessite une **imperméabilisation du sol** (argile ou géomembrane) ;
- **Matière en suspension importante en rejet** (organismes planctoniques) problématique pour de petits milieux récepteurs ;
- **Variations saisonnières de la qualité** d'eau de sortie ;
- Difficulté et coût important de l'**extraction des boues** ;
- **Faucardage** au moins une fois par an pour les lagunages à macrophytes;
- En cas de mauvais fonctionnement ou de mauvais entretien : risque d'odeurs, de développement d'insectes (moustiques), de dysfonctionnement (perforation des digues par les rongeurs).

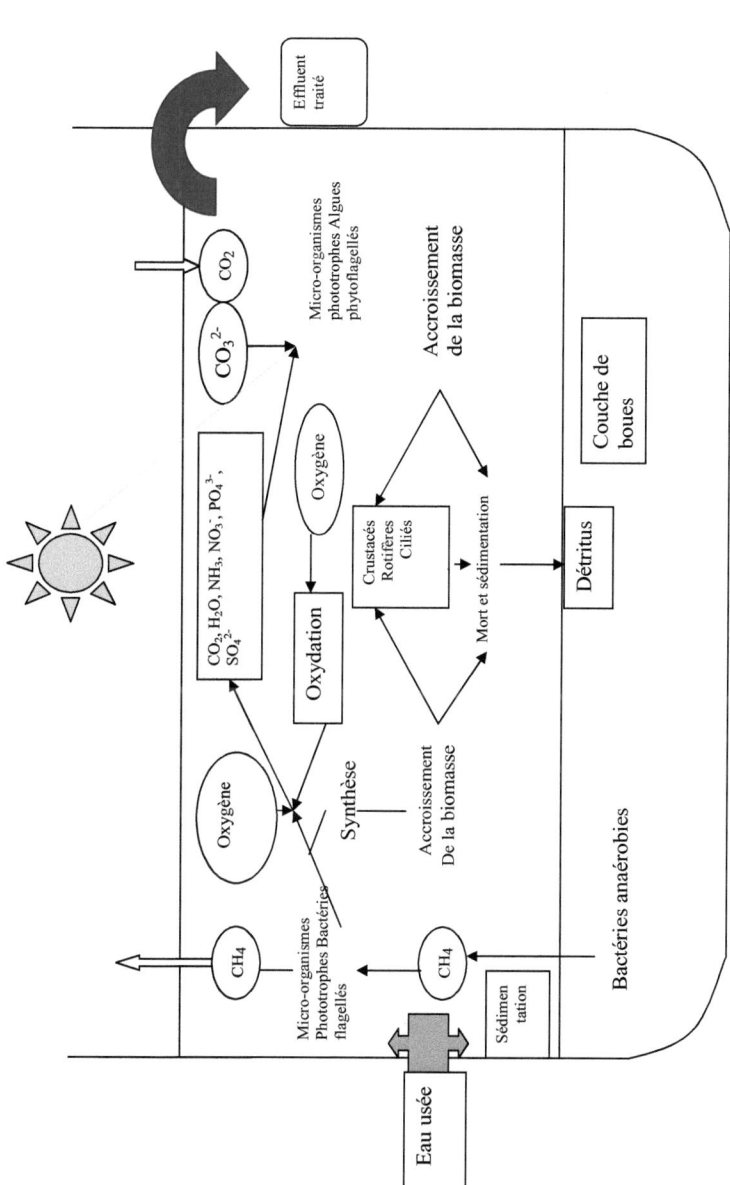

Figure I.2 : Lagunage naturel à dominance aérobie.

6. Références bibliographiques

[1] H. Roggeri. « Zones humides tropicales d'eau douces. Guides des connaissances actuelles et de la gestion durable. » Kluwer Academic Publishers. XVI, 385 p., 1995.

[2] R. H. Kadlec et R. L. Knight. « Treatment wet lands Boca Raton. ». Edition Lewis Publishers. 893 p., 1996.

[3] B. C. Wolverton. « Aquatic plants for wastewater treatment: An overview. » J. Aquatic Plants for Treatment and Resource Recovery: pp. 3-16, 1987.

[4] D. Koné. « Problématique de l'épuration des eaux usées dans le contexte de l'Afrique de l'Ouest. » Info-CREAPA (20): pp. 8-13., 1998.

[5] R. Dinges. « Upgrading stabilization pond effluent by water hyacinth culture. » J. Water Pollution Control Federation (5): pp. 833-845, 1978.

[6] B. C. Wolverton et R. C. McDonald. « Application of vascular aquatic plants for pollution removal, Energy and food production in a Biological system. » National Aeronautics and Apace Administration, Washington, TMX. 2726 p., 1979.

[7] T. A. Debusk et K. R. Reddy. « BOD removal in floating aquatic Macrophyte based Wastewater treatment systems. » J. Water Science and Technology N°12: pp 273-279, 1987.

[8] P.Kumar et R. J. Garde. « Upgrading wastewater system by water hyacinth in developing centuries. » J. Water Science and Technology N°22: pp 153-160, 1990.

[9] F. Edeline. « L'épuration biologique des eaux. Théorie et technologie des réacteurs ». Liége, Cebedoc Editeur : 303 p. 1993.

[10] C. Polprasert et N. R. Khatiwada. « An integrated kinetic model for water hyacinth ponds used for wastewater treatment ». J. Water Res Vol. 32 N°1: pp 179-185, 1998.

[11] G. Bowes et S. Beer. « Physiological plant processes: photosynthesis Aquatic plant ». Wastewater treatment and resource recovery, Magnolia Publishing Inc: pp. 311-335, 1987.

[12] B. O. Urbanc et A. Gaberscik. « The influence of temperature and light intensity on activity of water hyacinth ». J. Aquatic Botany (35): pp 3-4, 1989.

[13] K. R. Reddy. « Nutrient transformation in aquatic macrophyte filters used for water purification ». Water Works Ass: pp. 660-678, 1984.

[14] M. Delgado. « Optimization of conditions for growth of water hyacinth in biological treatment ». Rev Int Contam Ambient 10 (2): pp. 63-68, 1994.

[15] K. R. Reddy. « Water hyacinth Biomass Production in Florida ». J. Biomass Vol. 6 N° (1-2): pp 167-181, 1984b.

[16] W. Armstrong. « Root aeration in wetlands conditions plant life in anerobic environments ». J. Ann Arbor Science: pp 269-297, 1978.

[17] H. Brix. « Functions of macrophytes in constructed wetlands ». J. Water Science and Technology Vol. 29 N°4: pp 71-78, 1997.

[18] Y. Kim, W. J. Kim, P. G. Chung et W. O. Pipes. « Control and separation of algae particles form WSP effluent by using floating aquatic plant root mats ». J. Water Science and Technology Vol. 43 N° 11: pp 315-322, 2001.

[19] Y. Kim et W. J. Kim. « Roles of water hyacinths and their roots for reducing algal concentration in the effluent from waste stabilization pond. » J. Water Research, September Vol. 34 N° 13: pp. 3285-3294, 2000.

[20] Y. Charbonnele et A. Simo. « Procédés et systèmes de traitement biologiques d'eaux résiduaires. » Université de Yaoundé, Brevet OAPI n° 8320. 11p., 1989.

[21] K. R. Reddy et E. M. D'Angelo. « Biochemical indicators to evaluate pollutant removal efficiency in constructed wetlands. » J. Water Science and Technology Vol. 35 N° 5: pp 1-10, 1997.

[22] E. Gomez, C. Casselas, B. Picot et J. Bontoux. « Ammonia elimination process in stabilisation and high-rate algal pond systems. » J. Water Science and Technology Vol.35, N°.11-12, pp.15-20, 1994.

[23] H. EL Halouani. « Lagunage à haut rendement: caractérisation physico-chimique de l'écosystème, étude de son aptitude à l'élimination de l'azote et du phosphore dans l'épuration des eaux usées. » Thèse de doctorat, Université Montpellier I, 154p. 1990.

[24] V. K. Minocha et R. Prabbhakar. « Ammonia removal and recovery from urea fertilizer plant waste. » J. Environmental Technology Letters, Vol 9 pp. 655 – 664, 1988.

[25] N. Ouazzani, L. Bouarab, B. Picot, H.B. Lazrek, B. Oudra & J. Bontoux. « Seasonal variations in the forms of phosphorus in wastewater stabilization pond under arid climatic conditions at Marrakech (Morocco). » Rev. Sci. Eau vol. 4, pp. 527-544, 1997.

[26] Y. Nurdogan. « Micoralgal separation from high rate ponds. » Ph D. University of California, Berkley, 262 p., 1988.

[27] J.W. Oswald. « Microalgae and wastewater treatment. » In Microalgae, Biotechnologie.ed. M.A.Borowifzca and L.J.Borowifzca, Cambridge university. Press. Cambridge 325p 1988.

[28] H. EL Halouani., B. Picot, C. Casselas, G. Pena et J. Bontoux. « Elimination de l'azote et du phosphore dans un lagunage à haut rendement. » Revue des sciences de l'eau, Vol.6, N°.1, pp.47-61, 1992.

[29] M. Florentz et C.H. Marie. « Elimination simultanée de l'azote et du phosphore par voie biologique dans le traitement des eaux usées.» Revue Eau, industries et nuisances pp.25-28, 1984.

[30] D. Kaplan, A.E. Richmond, Z. Dubinsky et S. Aaronson. « Algal nutrition. Nutritional Modes.» In Handbook of Microalgal Mass Culture. Edition A. Richmond, CRC Press, Inc, Boca Raton, Florida, 1986.

[31] T.J. Wrigley et D.F. Toerien. « Limnological aspects of small sewage ponds. » J. Water Res. Vol 24, N° 1, pp. 83 – 90, 1990.

[32] B. Picot, H. EL Halouani, C. Casselas, S. Moerisidik et J. Bontoux. « Nutrient removal by high rate pond system in mediterranean climate (France).» J. Water Science and Technology Vol.23, pp.1535-1541, 1991.

[33] K. R. Reddy et T. A. Debusk. « Nutrient removal potential of selected aquatic macrophytes.» J. Enviton. Qual. 14 (4): pp. 459-462, 1985.

[34] T. Aoi et T. Hayachi. « Nutrient removal by water lettuce.» J. Water Science and Technology Vol. 34 (7-8): pp 407-412, 1996.

[35] S. G. Nelson, B. D. Smith et B. R. Best. « Kinetic of nitrate and ammonium uptake by the tropical freshwater macrophyte .» J. Aquaculture 24: pp. 11-19, 1981.

[36] K. R. Reddy et T. A. Debusk. « Nutrient storage capabilities of aquatic end wetlands plant.» Edition Magnolia publishing Inc. pp. 337-357, 1987.

[37] T. A. Debusk et J. A. Ryther. « Nutrient removal from domestic wastewater by water hyacinth: importance of plant growth, detritus production and denitrification. » Proc. on future of water reuse. American Water Works Association **2/3:** pp. 713-722, 1984.

[38] K. R. Reddy, & W. F. DeBusk. « Growth characteristics of aquatic macrophytes cultured in nutrient enriched water. I. Water hyacinth, water lettuce, and pennywort. » J. Econ. Bot. 38:229-239, 1984.

[39] K. R. Reddy, M. Agami et J. C. Tucker. « Influence of nitrogen supply rates on growth and nutrient storage by hyacinth plants. » J. Aquat. Bot. 36 (1): pp. 33-43, 1989b.

[40] P. A. M. Bachand et A. J. Horne. « Denitrification in constructed free-water surface wetlands: II. Effects of vegetation and temperature. » J. Ecological engineering 14 (1-2): pp. 17-32, 1999.

[41] C. C. Tannaret, J. D'Eugenio, G. B. Mc Bride, J. P. S. Sukias et K. Thompson. « Effect of water level fluctuation on nitrogen removal from constructed wetland mesocosms. » J. Ecological engineering 12 (1-2): pp. 67-92, 1999.

[42] T. Koottatep et C. Polprasret. « Role of plant uptake of nitrogen removal in constructed wetlands located in the tropics. » J. Water Science and Technology 36 (12): pp 1-12, 1999.

[43] K. R. Ruddy et J. C. Tucker. «Productivity and nutrient-uptake of water hyacinth. 1. Effect of Nitrogen Source.» J. Econ. Bot. 37 (2): pp. 237-247, 1983.

[44] K. R. Reddy et E. M. D'Angelo. « Biomass yield and nutrient removal by water hyacinth as influenced by harvesting frequency .» J. Biomass 21 (1): pp. 27-42, 1990.

[45] C. J. Richardson, « Mechanisms controlling phosphorus retention capacity in freshwater wetlands. » Science, 228: pp. 1424-1427, 1985.

[46] C. J. Richardson et B. C. Craft. « Efficient phosphorus retention in wetlands: Factor or Fiction? » Lewis publishers, London, pp. 271-282, 1993.

[47] O. G. Olila et K. R. Reddy. « Influence of redox potential on phosphate-uptake by sediments in two su-tropical eutrophic lakes. » J. Hydrobiol 345: pp. 45-57, 1997.

[48] B. G. Good et W. H. Patrique. « Root-Water-Sediments interface processes .» Wastewater treatment and resource recovery, Magnolia Publishing, pp. 359-343, 1987.

[49] W. C. Ku, F. A. Digiano, et T. H. Feng. « Factors affect in phosphate adsorption equilibrium in lake sediments. » J. Water Research, 12: pp. 1069-1074, 1978.

[50] « l'épuration des eaux usées : le lagunage naturel.» Document interne de l'ECOSITE (1996), France.

[51] J. Bontoux. « Introduction à l'étude des eaux douces. Eaux usées. Eaux de Boissons.» Technique et Documentation, Ed. Lavoisier, Paris, p. 64, 1983.

[52] B. Oudra. Bassin de stabilisation anaérobie et aérobie facultatif pour le traitement des eaux usées de Marrakech. Dynamique du phytoplancton et évaluation de la biomasse primaire. Thèse de 3e cycle. Université caddi ayyad, Marakkech, Maroc, 144p., 1990.

[53] D. Kaplan, A.E. Richmond, Z. Dubinsky et S. Aaronson. « Algal nutrition. Nutritional Modes.» In Handbook of Microalgal Mass Culture. Ed. A. Richmond, CRC Press, Inc, Boca Raton, Florida, 1986.

[54] W. J. Oswald. «Large-scale algal culture systems (engineering aspects).» J. Microalgal biotechnology , pp. 357-394, 1988.

[55] P. Edwards et O. A. Sinchumpasak. « The harvest of microalgae from the effluent of a sewage fed high rate stabilization pond by tilapia nilotica. Part I. Description of the system and the study of the high rate algal pond.» J.Aquaculture, 23: 83-105, 1981.

[56] G. Shelef, R. Moraine, A. Meydan, E. Sandbank, H. G. Schlegel et B. Barnea. « Combined algae production - wastewater treatment and

reclamation systems.» J. Microbial energy conversion. Headington, Pergamon Press Ltd. pp. 427-442, 1977.

[57] N. De Pauw, H. Verlet et L. Deleenkeer. « Heated and unheated outdoor cultures of marines algae with animal manure.» J. Algae Biomass, pp. 315-341,1980.

[58] I. Banat, K. Puskas, I. Esen et R. Al-Daher. « Wastewater treatment and algal productivity in an integrated ponding system.» J. Biological wastes, 32: pp.265-275, 1990.

[59] Y. Nurdogan et W. J. Oswald. « Enhanced nutrient removal in high-rate ponds.» J. Wat. Sci. Tech., 31: pp. 33-43, 1995.

[60] S. Canovas, B. Picot, C. Casellas, H. Zulkifi, A. Dubois et J. Bontoux. « Seasonal development of phytoplankton and zooplankton in high-rate algal pond.» J. Wat. Sci. Tech., 33: pp.199-206, 1996.

[61] R. W. Eppley. «Temperature and phytoplankton growth in the sea. » J. Fish. Bull., 70: pp. 1063-1185, 1972.

[62] J. C. Goldman & J. H. Ryther. «Waste reclamation in an integrated food chain system. »*Biological control of water pollution.*» J.T. Tourbier & R. W. E. Pierson. Univ. of Pennsylvania Press, Philadelphia, PA, USA: pp. 197-214, 1976.

[63] J. C. Goldman. «Biomass production in mass cultures of marine phytoplankton at varying temperatures.» J. Exp. Mar. Biol. Ecol., 27: pp. 161-169, 1977.

[64] N. J. Cromar & H. J. Fallowfield. «Effect of nutrient loading and retention time on performance of high rate algal ponds ». J. Appl. Phycol., 9: pp. 301-309, 1997.

[65] Y. B. Lee, L. K. Wing, M. G. McGarry & M. Graham. « Overview of waste water treatment and resource recovery. » Rep. Workshop on High-Rate Algal Ponds, Singapore 1980.

[66] P. Edwards & O. A. Sinchumpasak. «The harvest of microalgae from the effluent of a sewage fed high rate stabilization pond by tilapia

nilotica. part I. Description of the system and the study of the high rate algal pond. » J. Aquaculture, 23: pp. 83-105, 1981.

[67] E. P. Lincoln, T. W. Hall & B. Koopman. «Zooplankton control in mass algal cultures.» J. Aquaculture, 32: pp. 331-337, 1983.

[68] S. Canovas, B. Picot, C. Casellas, H. Zulkifi, A. Dubois & J. Bontoux. « Seasonal development of phytoplankton and zooplankton in high-rate algal pond. » J. Wat. Sci. Tech., 33: pp.199-206, 1996.

[69] M. Schlueter, J. Groeneweg & C. J. Soeder. « Impact of rotifer on population dynamics of green microalgae in high-rate ponds. » J. Wat. Res., 21: pp. 1293-1297, 1987.

[70] M.G. McGarry, C. D. Lin & J. L. Merto. «Photosynthetic yields and by-product recovery from sewage oxidation ponds. » Advances in water pollution research, Jerusalem, Pergamon Press - Oxfrod. pp.521-535, 1973.

[71] Y. Azov & G. Shelef. « Operation of high-rate oxidation ponds: theory and experiments. » J. Wat. Res., 16: pp. 1153-1160, 1982.

[72] N. J. Cromar & H. J. Fallowfield. « Separation of components of the biomass from high rate algal ponds using PercollR density gradient centrifugation.» J. Appl. Phycol., 4: pp. 157-163, 1992.

[73] N. J. Martin & H. J. Fallowfield. « Computre modelling of algal waste treatment systems. » J. Wat. Sci. Tech., 21: pp. 1657-1660, 1989.

[74] I. Banat, K. Puskas, I. Esen & R. Al-Daher. «Wastewater treatment and algal productivity in an integrated ponding system.» J. Biological wastes, 32: pp. 265-275, 1990.

[75] B. M. Kroon, H. A. M. Ketelaars, H. J. Fallowfield & L. R. Mur. « Modelling microalgal productivity in high rate algal pond based on wavelenght dependent optical properties. » J. Appl. Phycol., 1: pp. 247-256, 1989.

[76] G. Shelef, R. Moraine, A. Meydan, E. Sandbank, H. G. Schlegel & B. Barnea. «Combined algae production - wastewater treatment and reclamation systems. *Microbial energy conversion.* » Headington, Pergamon Press Ltd. pp. 427-442, 1977.

[77] E. P. Lincoln & D. T. Hill. « An integrated microalgae system. » J. Algae Biomass, pp. 229-244, 1980.

[78] H. J. Fallowfield, & M. K. Garrett. «The treatment of wastes by algal culture. » J. Appl. Bact., pp. 187-205, 1985.

[79] A. Wood, J. Scheepers & M. Hills. « Combined artificial wetland and high rate algal pond for wastewater treatment and protein production.» J. Wat.Sci.Tech., 21: pp. 659-668, 1989.

[80] J. C. Goldman, D. B. Porcella, E. J. Middlebrooks & D. F. Torien. « The effect of carbon on algal growth - its relationship to eutrophication. » J. Wat. Res., 6: pp. 637-679, 1972.

[81] W. J. Oswald, H. B. Gotaas, H. F. Ludwig & V. Lynch. « Algae symbiosis in oxidation ponds. II. Growth characteristics of *Chlorella pyrenoidosa* cultured in sewage.» J. Sewage and Industrial Wastes, 25: pp. 26-37, 1953.

[82] Y. Azov & G. Shelef. « Operation of high-rate oxidation ponds: theory and experiments. » J. Wat. Res., 16: pp. 1153-1160, 1982.

[83] J. C. Goldman. « Physiological processes, nutrient availability and the concept of relative growth rate in the marine phytoplankton ecology. *Primary production in the sea.*» F. (Ed). Plenum Publ. Corp. pp.179-193, 1980.

[84] G. Shelef, R. Moraine & G. Oron. « Photosynthetic biomass production from sewage.» J. Arch.Hydrobiol. Beih. Ergebn. Limnol., 11: pp. 3-14, 1978.

[85] D. M. Eisenberg, J. R. Benemann & W. J. Oswald. « Recent advances in the utilization of high rate photosynthetic wastewater

treatment systems. » Proc. Water Reuse Symp., 2: pp. 1615-1637, 1981.

[86] J.Hemens & M. H. Mason. « Sewage nutrient removal by shallow algal stream. » J. Wat. Res., 2: pp. 277-287, 1968.

[87] M. D. Doran & W. C. Boyle. « Phosphorus removalby activated algae. » J. Wat. Res., 13: pp. 805-812, 1979.

[88] B. Picot, H. El Halouani, C. Casellas, S. Moersidik & J. Bontoux. « Nutrient removal by high rate pond system in mediterranean climate (France). » J. Wat. Sci. Tech., 23: pp. 1535- 1541, 1991.

[89] F. Mesplé, M. Troussellier, C. Casellas & J. Bontoux. « Difficulties in modeling phosphate evolution in a high-rate algal pond. » J. Wat. Sci. Tech., 31: pp. 521-535, 1995.

[90] F. Mesplé, C. Casellas, M. Troussellier & J. Bontoux.« Modelling orthophosphate evolution in a high rate algal pond. » J. Ecol. Mod., 89: pp. 13-21, 1996a.

[91] N.F.Y. Tam & Y.S. Wong. «Wastewater nutrient removal by Chlorella pyrenoidosa and Scenedesmus sp. » J. Environmental Pollution Vol 58, pp. 19 – 34, 1989.

[92] S. Canovas, C. Casellas, B. Picot, G. Pena & J. Bontoux. « Evolution annuelle du peuplement zooplanctonique dans un lagunage à haut rendement et incidence du temps de séjour. » Rev. Sci. Eau, 4: pp. 269-289, 1991.

[93] L. Y. Kawasaki, E. Tarife Silva, D. P. Yu, M. S. Gordon & D. J. Chapman. «Aquacultural approaches to recycling of dissolved nutrients in secondarily treated domestic wastewaters - I Nutrient uptake and release by artificial food chains. » J. Wat. Res.,16: pp. 37-49, 1982.

[94] J. Benemann, B. Koopman, J. Weissman & R. Goebel. «Development of microalgae harvesting and high rate pond

technologies in California. *Algae biomass production and use.* » Biomedical press, North-Holland, pp. 457-495, 1980.

[95] J. C. Dodd & J. L. Anderson. «An integrated high rate pond-algae harvesting system.» J. Prog. Wat. Tech., 9: pp. 713-726, 1977.

[96] R. Moraine, G. Shelef, E. Sandbank, Z. Bar-Moshe & L. Shvartzburd. «Recovery of sewage-borne algae: flocculation, flotation, and cetrifugation techniques.» J. *Algae Biomass.* pp. 534-545, 1980.

[97] D. M. Eisenberg, J. R. Benemann & W. J. Oswald. « Recent advances in the utilization of high rate photosynthetic wastewater treatment systems. » Proc. Water Reuse Symp., 2: pp. 1615-1637, 1981.

[98] D. Bilanovic, G. Shelef & A. Subkenik. « Flocculation of microalgae with cationic polymers - effects of medium salinity. » J. Biomass, 17: pp. 65-76, 1988.

[99] Y. Nurdogan & W. J. Oswald. « Enhanced nutrient removal in high-rate ponds. » J. Wat. Sci. Tech., 31: pp. 33-43, 1995.

[100] P. Chevalier & J. de la Noüe. « Wastewater nutrient removal with microalgae immobilized in carraghenan. » J. Enz. Microb.Techn., 7: pp. 621-624, 1985.

[101] L. Travieso, F. Benitez & R. Dupeiron. « Sewage treatment using immobilized microalgae. » J. Bioresource Techn., 40: pp. 183-187, (1992).

[102] N. F. Y.Tam, P. S. Lau & Y. S. Wong. « Wastewater nutrient removal with microalgae immobilized *Chlorella vulgaris.* » J. Wat. Sci. Tech., 30: pp. 369-374, 1994.

[103] P. S. Lau, N. F. Y. Tam & Y. S. Wong. « Wastewater nutrients (N and P) removal by carraghenan and alginate immobilized *Chlorella vulgaris.*» J. Environmental Technology, 18: pp. 945-951, 1997.

[104] R. J. Craggs, P. J. McAuley & V. J. Smith. « Wastewater nutrient removal by marine microalgae grown on a corrugated raceway». J. Wat. Res., 31: pp.1701-1707, 1997.

[105] E. Poelman, N. De Pauw & B. Jeurissen. « Potential of electrolytic flocculation for recovery of micro-algae. » J. Resources, Conservation and Recycling, 19: pp.1-10, 1997.

[106] J. C., K. Goldman, R. Tenore & H. I. Stanley. « Inorganic nitrogen removal in a combined tertiary treatment-marine aquaculture system - II. » J. Wat. Res., 8: pp. 55-59, 1974.

[109] N. Villon, C. Phelepp & Y. Martin. « Traitement et valorisation des eaux usées des bassins d'élevage de poissons marins: production de plancton et utilisation en élevages larvaires de loups ou de daurades. » J. Vie Marine, 10: pp. 39-50, 1989.

[108] J. Hemens. « Nutrient removal from sewage effluent by algal activity. » J. Advances Wat. Poll. Res. 4th Int. Conf. Wat. Poll. Res., Prague, Pergamon press, pp. 701-711, 1984.

Etude expérimentale

Introduction

Le lagunage naturel est l'une des techniques les plus appropriées de traitement des eaux usées pour notre pays, à caractère semi-aride, réunissant toutes les conditions favorables à son exploitation.

Toutefois, Il est essentiel de bien connaître la zone d'étude afin de déterminer et cerner les principaux facteurs influençant le traitement des eaux usées, et de ce fait, la qualité des eaux usées épurées. Ainsi, nous nous intéresserons à l'environnement du site : situation géographique, conditions climatiques et structures sociales locales ainsi qu'aux caractéristiques des eaux usées à traiter. D'autant plus que, c'est en fonction de ces derniers, que se fait le choix même de l'implantation du lagunage naturel.

Le milieu aquatique est peuplé par un ensemble d'organismes vivants dont certains sont pathogènes pour l'homme. Ce sont des bactéries, des virus, des champignons, des algues ... etc.

L'homme, pour ses besoins propres ou son confort prélève une quantité importante d'eau à la nature et rejette dans le réseau hydrologique des régions peuplées, eaux souillées et déchets de toute nature; il modifie ainsi souvent profondément les facteurs physico-chimiques et biologiques qui jouent un rôle important dans la répartition des êtres aquatiques.

Il s'expose donc lui même à un risque lié a la présence d'organismes responsables ou vecteurs de maladies, et impose aux organismes qui peuplent ses ressources de digérer ses déchets.

Les techniques de traitement des eaux, qu'il s'agisse d'eau potable ou d'épuration d'eau usée d'origine urbaine ou industrielle, permettent de minimiser ces risques.

Cependant avant de déterminer quels traitements faire subir à une eau, il faut estimer l'ampleur de la pollution qu'elle reçoit afin de connaître ses possibilités de réutilisation ultérieurs. C'est l'analyse de l'eau qui peut nous apporter ces renseignements.

L'eau est indispensable dans le développement économique et social d'un pays, mais elle n'est pas toujours disponible en quantité et en qualité voulue. L'Algérie compte parmi les pays où la disponibilité en eau est en dessous du seuil critique.

Pour faire face à ce genre de problème, des solutions de traitement des eaux usées sont proposées, parmi ces solutions il en existe un procédé qui fait intervenir les conditions naturelles que nous offre les micro-organismes constituant le système écologique, c'est le lagunage.

Ce procédé consiste à épurer les eaux usées par simple écoulement de l'eau dans des bassins peu profonds où prolifèrent des bactéries, des algues et d'autres organismes vivants, sous une atmosphère ambiante et en présence d'un rayonnement solaire.

Pour la réalisation de notre travail nous avons choisi la station d'épuration par lagunage naturel de Beni Messous.

Chapitre II. Etude de site

Introduction

Avant de procéder aux prélèvements des échantillons et par la suite effectuer des analyses physicochimiques et bactériologiques des eaux usées, nous pensons qu'il est indispensable de donner un aperçu sur le site d'échantillonnage c'est à dire la station d'épuration par lagunage naturel de Beni Messous, sa situation géographique et démographique son réseau hydrologique, et afin de mieux cerner et comprendre les facteurs qui pourrait influencer le traitement des eaux usées par ce type de procéder une étude des conditions climatique est également réaliser.

1. Etude de site

La station d'épuration par lagunage naturel, objet de nôtre étude, se situe dans la commune de Beni Messous, celle-ci est alimentée par l'oued Béni-Messous (Photo 01).

Avec une longueur de 11.5 km et un débit moyen de 0.245 m^3/s, ce dernier véhicule les eaux usées de plusieurs communes, son embouchure se trouve au niveau de la plage « les dunes », qui se situe dans la baie d'El Djamila [1].

De graves problèmes de pollution y ont été constatés, ce qui a même conduit à la fermeture de la plage. Par conséquent il était impératif de penser à trouver une solution pour réduire la pollution et protégé ainsi les eaux de baignade.

Photo 1 : Vue générale de l'oued de Beni Messous.

1.1. Localisation géographique

La zone d'étude se trouve au niveau de l'oued Béni Messous. Cette dernière se situe dans la wilaya d'Alger du coté ouest algérois. Elle est rattachée aux circonscriptions administratives de Bouzaréah et de Chéraga.

Tel que l'on peut le voir sur la photo 02, l'oued Béni-Messous commence du coté est à Bouzaréah, il traverse les communes de Béni-Messous et Chéraga et débouche du coté ouest dans la baie d'El Djamila. Cette baie est située à une trentaine de kilomètres à l'ouest d'Alger, entre le patrimoine de Ras Acras et la pointe de Sidi Ferruch. Il affleure également au nord de la commune de Ain Benian et également au nord de la commune de Dély Brahim.

Le site d'implantation de la station de lagunage de Béni-Messous se situ entre Ain Benian et Chéraga sur le C.W.N°11. Il est distant de 5 Km de l'embouchure de l'oued Béni-Messous.

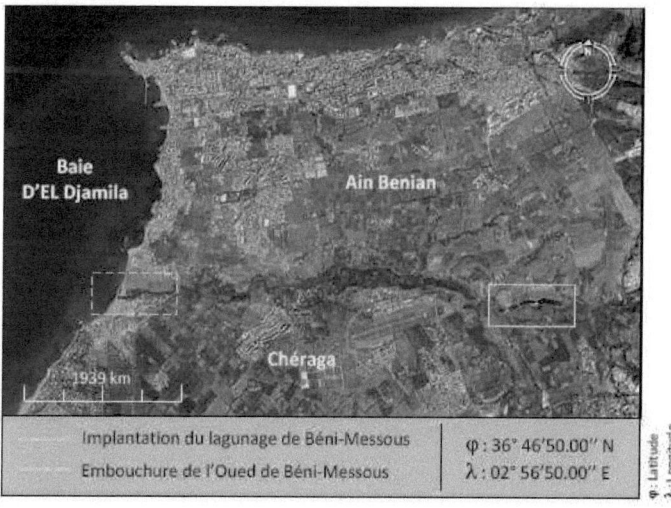

Photo 2 : localisation géographique de la zone d'étude.

Constituée de quatre bassins en série et occupant environ 13 hectares, la station d'épuration par lagunage naturel de Béni-Messous s'implante entre la commune de Ain Benian et celle de Chéraga; à proximité du chemin wilayal CW n°11 et adjacente à des terres agricoles. (Voir Photo 03).

Photo 3 : Photo satellite du lagunage naturel de Béni-Messous (Google Earth, 2007).

1.2. Etude géologique

Les sols de la région de notre étude sont constitués de marnes bleues, de grés et de schistes métamorphiques.

Les grés et poudingues carténniens, qui affleurent d'Alger à la commune de Béni-Messous, reposent sur les schistes cristallophylliens du massif ancien de Bouzaréah et plongent vers le sud sous les marnes bleues plais anciennes. Ce sont des grés grossiers, peu fissurés, qui débutent par un poudingue mal cimenté remaniant sur 1 à 2 mètres des éléments du massif ancien et qui renferment des lits de gravier discontinus.

Le sol est aussi constitué de sables dunaires fins, par endroits légèrement argileux et cimentés à la base en un gré calcaire constituant de petites corniches. L'épaisseur de cet ensemble n'excède pas 50 mètres.

Les conditions géologiques sont pratiquement identiques dans toute la région considérée.

Les dépôts alluvionnaires qui comblent le fond des vallons sont essentiellement argileux et très peu perméables. Seuls les grés et poudingues carténniens sont perméables. Ces derniers sont atteins vers 50 mètres de profondeur.

Les profils et sondages réalisés à proximité du site laissent apparaître des couches supérieures du sous-sol composé essentiellement de sables [2].

1.3. Etude hydrologique

Le substratum rattaché aux nappes phréatiques du sahel est caractérisé par une bonne perméabilité.

Les grés et poudingues carténniens qui affleurent d'Alger à la commune de Béni-Messous contiennent une nappe qui s'épanche par quelques petites sources descendant vers l'oued Béni-Messous. Cette nappe, liée dans la zone de l'affleurement à la nappe phréatique des terrains anciens se met en charge vers le sud sous les marnes bleues. De petites nappes libres existent, elles sont alimentées exclusivement par la pluviométrie et s'écoulent vers la mer [3].

Sur la figure II.1, on peut voir précisément le réseau hydrographique de l'oued de Beni Messous.

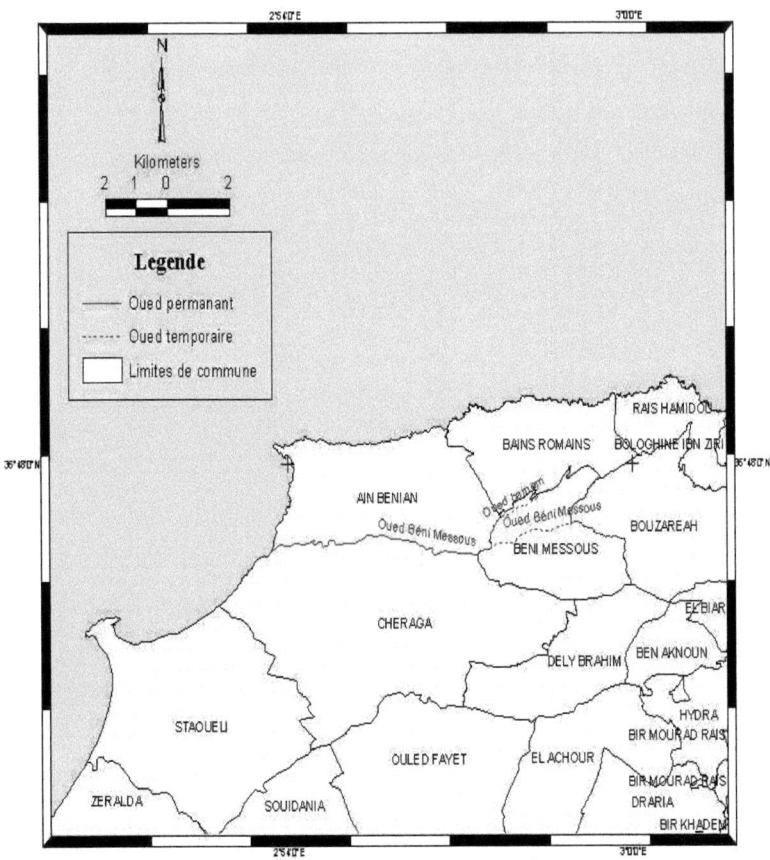

Figure II.1 : Réseau hydrographique de l'oued de Beni Messous.
(Carte faite à partir du logiciel ArcMap)

1.4. Etude démographique de la zone d'étude

En se basant sur les derniers recensements fait en 1998 **[4]**, et d'après des études statistiques faites par l'office national des statistiques d'Alger et d'après les données du RGPH (Recensement général de la Population et de

l'Habitat) en 2004 pour les communes concernées par l'oued Beni Messous, le nombre d'habitant est [5]:
- Beni Messous : 19407 habitants ;
- Chéraga : 66991 habitants ;
- Dély Brahim : 34361 habitants ;
- Bouzaréah : 75797 habitants.

D'après les données de la Direction de l'hydraulique et de l'économie de l'eau de la wilaya d'Alger (DHEEWA) le nombre d'équivalent habitant des quatre communes était de :
- Beni-Messous : 13518
- Chéraga : 30168
- Dély-Brahim : 39995
- Bouzaréah : 20515
- **Total : 104196**
-

1.5. Dimensionnements et caractéristiques des lagunes

Le plan schématique du lagunage naturel de Béni-Messous, représenté par la Figure II.2, présente la série des quatre bassins, en parallèles à l'Oued de Béni-Messous, ainsi qu'un déversoir (dispositif contre les fortes crues) à l'extrémité gauche du premier et du deuxième bassin. Avant d'être acheminées vers le premier bassin de la station, les eaux usées brutes passent par un dégrilleur.

La station d'épuration par lagunage naturel est constituée de quatre lagunes dites aussi bassins de traitement, de formes allongées plus ou moins rectangulaires.

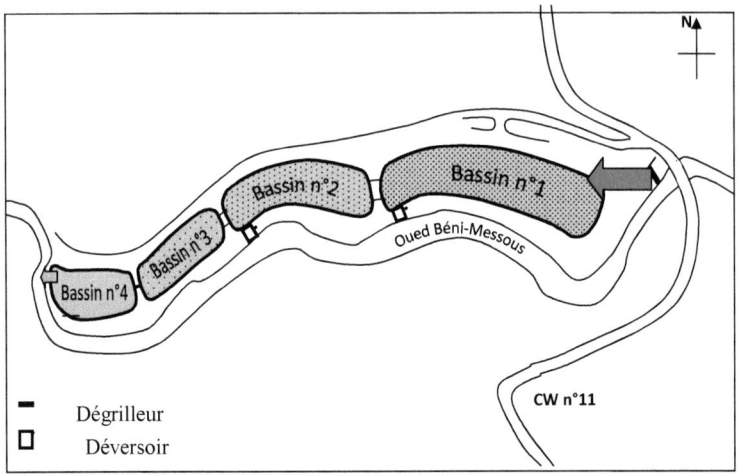

Figure II.2: Schéma de la lagune de Beni Messous.

➢ Le premier bassin qui est le plus grand, appelé lagune de décantation est caractérisé par un volume de 63000 m^3 et une profondeur de 4 m.

Cette importante profondeur est nécessaire pour assurer l'accumulation des boues après décantation. Il contient un déversoir pour l'évacuation des eaux en cas de débordement.

Cette lagune est trouble et dégage une odeur nauséabonde. Nous pensons qu'elle nécessite un curage.

Photo 4 : vue générale du premier bassin.

➢ Le deuxième bassin est caractérisé par un volume de 14000m³ et une profondeur de 02 m, mais cette hauteur n'est jamais atteinte, le niveau s'arrête à 1,5m pour assurer une bonne pénétration de la lumière. Ce bassin contient aussi un déversoir. Son rôle principal est la minéralisation des boues.

Photo 5 : vue générale du deuxième bassin.

➢ Le troisième bassin à un volume de 5130m³ et 1,5m de profondeur. Ce bassin permet aussi la minéralisation des boues.

Photo 6 : vue générale du troisième bassin.

➢ Le quatrième bassin est caractérisé par un volume de 5130 m³ avec une profondeur moyenne de 1,5m. Dans ce bassin se produit généralement la finition de l'épuration, qui se traduit par l'abattement de la charge en azote et phosphore, ainsi que l'élimination des germes pathogènes. L'eau à la sortie est claire et ne présente pas d'odeur, elle est ensuite dirigée vers la mer.

Photo 7 : vue de la sortie des eaux du quatrième bassin.

Les dimensionnements et les caractéristiques de la station ont étaient également réalisé a l'aide d'une étude topographique effectuée sur le terrain avec un théodolite, les mesures obtenus sont représentés dans le tableau II.1.

Tableau II.1: Dimensions et caractéristiques des différents bassins de la lagune de Beni Messous.

N° bassin	Longueur (m)	Largeur (m)	Profondeur (m)	Surface (m^2)	Volume (m^3)	Caractéristiques
1	300	60	3.5	18000	63000	- Appelé lagune de décantation. - Contient un déversoir pour l'évacuation des eaux usées en cas de fortes crues.
2	175	40	2	7000	14000	- Contient aussi un déversoir. - Son rôle principal est la minéralisation des boues.
3	95	40	1.5	3800	5700	- Permet aussi la minéralisation des boues.
4	80	38	1.5	3040	4560	- Son rôle est l'affinage de l'épuration.

1.6. Les caractéristiques des eaux usées de l'oued Beni Messous

Les caractéristiques des eaux usées de l'oued Beni Messous selon la direction de l'hydraulique et de l'économie de l'eau de la wilaya d'Alger (DHEEWA) [3] sont :

- Débit moyen des eaux usées urbaines :   8336 m^3/ j
- Débit des eaux industrielles   :   940 m^3/ j
- Débit moyen total des eaux   :   9276 m^3/ j
- Débit moyen horaire des eaux   :   387 m^3/ h
- Débit de pointe des eaux usées   :   773 m^3/ j
- DBO$_5$ (charge journalière)   :   5439 Kg/ j
- DCO (charge journalière)   :   8640 Kg/ j
- Phosphore   :   174 Kg/ j
- Azote   :   1571 Kg/ j

1.6.1. Le temps de séjour

Le temps de séjour désigne le temps nécessaire que doivent séjourner les eaux usées dans chaque bassin pour permettre leur épuration. Pour le calcul du temps de séjour des eaux dans chaque bassin, l'écoulement est considéré comme laminaire ainsi on peut considérer que le débit est constant dans toutes les lagunes.

Le temps de séjour se calcule à partir de la relation suivante :

$$Q = V / T$$

Q : Débit moyen d'entrée des eaux usées (m^3 / j).

V : Volume du bassin (m^3).

T : Temps de séjour (j).

Les temps de séjour des différents bassins sont les suivants :

1er bassin : T = 7 jours.
2ème bassin : T = 2 jours.
3ème bassin : T = 1 jour.
4ème bassin : T = 1 jour.

Le temps de séjour global : **T = 11 jours.**

2. Conditions climatiques

Le climat est un facteur important, il affecte directement le bon fonctionnement d'un système lagunaire. Les climatologues admettent que le trait fondamental du climat méditerranéen est la sécheresse estivale qui peut être plus ou moins longue. De plus il y a toujours un contraste entre la saison froide qui est humide et la saison chaude qui est sèche.

L'absence de station météorologique au niveau du site nous a conduits à exploiter les données enregistrées à la station de Dar El-Beida.

Les données climatiques ont été puisées des documents de l'Office National de la Météorologie (ONM) sur une période de dix ans entre 1995 et 2004.

2.1. La température

D'après les données climatiques représentées dans le tableau 2 (voir annexe 2), on constate l'existence de deux saisons, l'une chaude s'étalant du mois de juin jusqu'au mois d'octobre où les températures moyennes varient entre 20 et 27°C, elles commencent à se rafraîchir au mois de Novembre, pour laisser place à une saison froide qui dure du mois de Décembre jusqu'au mois de Mars, avec des températures moyennes variant entre 11 et 18°C.

- ➤ La moyenne du minima (m) du mois le plus froid est: 5,34 C° (Février) ;
- ➤ La moyenne du maxima (M) du mois le plus chaud est: 32,7 C° (Août) ;

> Les moyennes mensuelles $\underline{M + m}$ prennent des valeurs saisonnières ;
> 2
> la plus faible moyenne caractérise la période hivernale : 11,58 C° ;
> la moyenne la plus élevée caractérise la période estivale : 26,59C°.

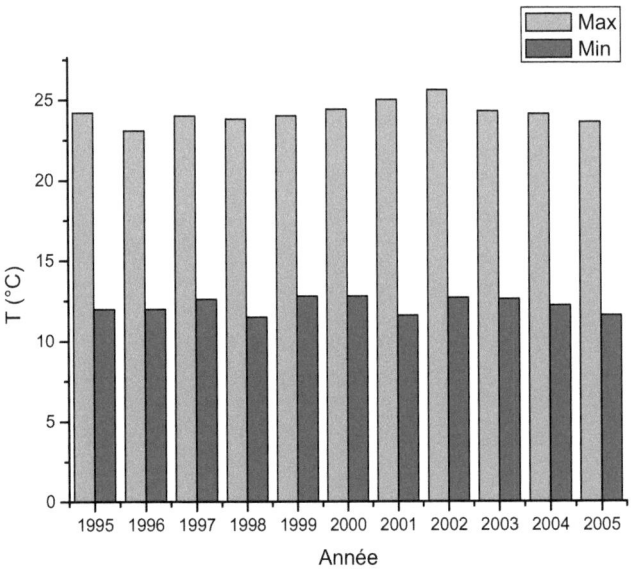

Figure II.3 : Profil de variation des températures moyennes.

2.2. La pluviométrie

Dans la région d'étude, les précipitations se caractérisent par une extrême variabilité dans l'espace et dans le temps. Les pluies sont fréquentes en automne et en hiver ; elles diminuent sensiblement dés la fin du printemps et deviennent rares pendant l'été.

La moyenne des précipitations annuelles est d'environ 600 mm. D'après les données de l'ONM représentées dans le tableau 3 (voir annexe 2), on peut distinguer l'existence d'une saison humide de très courte durée allant du mois de Novembre au mois de Février, avec une moyenne mensuelle maximale calculée de 93 mm au mois de Novembre ; et saison sèche qui dure du mois de juin au mois d'Octobre, avec un minimum de 1,95 mm calculé au mois de juillet. Entre ces deux saisons bien distinctes, on peut noter l'existence d'une période transitoire (Mars- Avril- Mai), où les précipitations varient de 45 à 64 mm en moyenne.

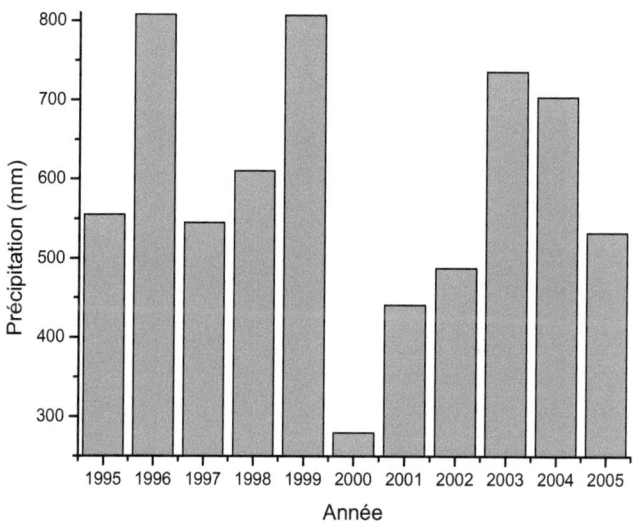

Figure II.4 : Profil de variation de la pluviométrie.

2.3. L'insolation

Les données de l'insolation sont représentées dans le tableau 4 (annexe 2).
Le climat de la région de Beni Messous où est plantée notre site d'étude est de type méditerranéen caractérisé par un été ensoleillé et un hiver nuageux.

D'après cet histogramme nous distinguons trois périodes :
- ➢ Une période à forte insolation qui s'étale du mois de Juin au mois d'Août ;
- ➢ Une période à faible ensoleillement qui s'étend sur quatre mois, du mois de novembre jusqu'au mois de Février ;
- ➢ Une période à ensoleillement moyen qui se repartie en deux phases, une du mois de mars au mois de mai et une autre de septembre à octobre.

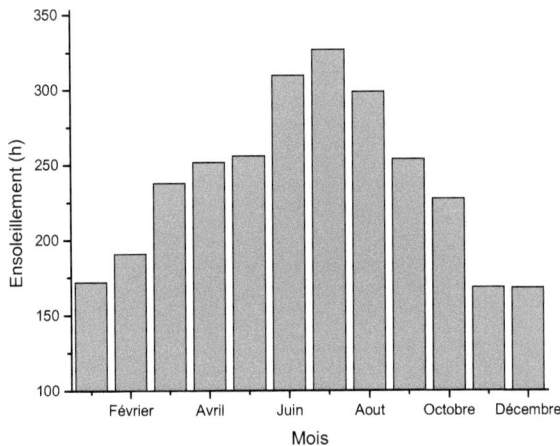

Figure II.5: Profil de l'ensoleillement mensuel moyen de la région de Beni Messous

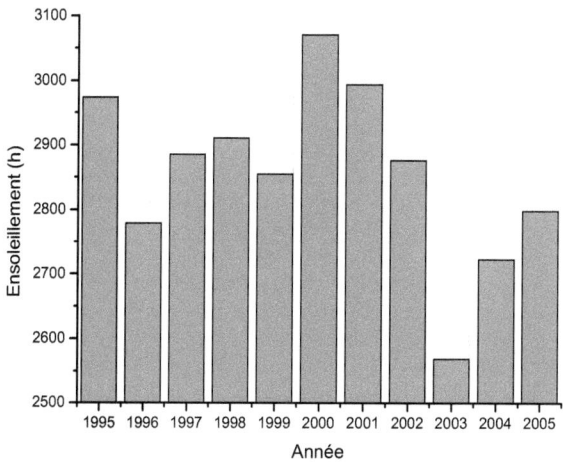

Figure II.6: Profil de variation de l'ensoleillement.

2.4. Les vents

Dans la région de Beni Messous, les vents soufflent environ 60% du temps. Les vents les plus importants par leur direction sont de secteur Sud-Ouest, ils soufflent environ 14% du temps [6].

Tableau II.2 : Répartitions annuelles des vents sur huit directions de la région de Beni Messous, (ONM-1960 – 2004).

Secteurs	N	NE	E	SE	S	SO	O	NO	CALME
Pourcentage par direction (%)	11,8	11,9	4	1,3	5,3	13,5	10,1	4,9	37,1

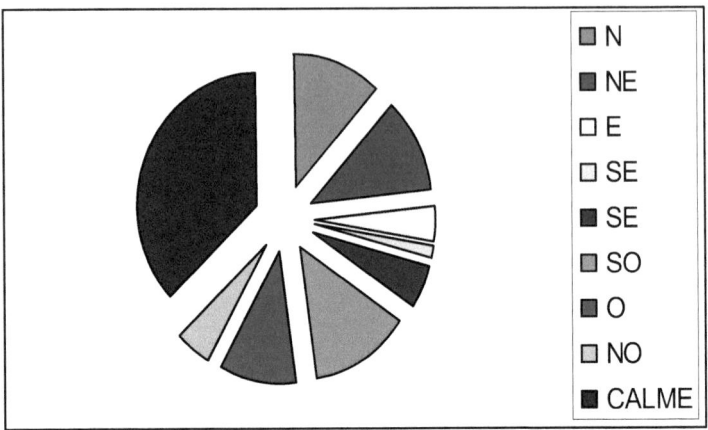

Figure II.7: Répartitions annuelles des vents sur huit directions de la région de Beni Messous.

2.5. L'évaporation

D'après les données de l'ONM, la moyenne annuelle est de 1104 mm, la moyenne mensuelle maximale est enregistrée au mois d'Août avec une valeur de 141 mm.

La moyenne mensuelle minimale est enregistrée au mois de Février avec une valeur de 52 mm.

D'après la figure ci-dessous on remarque l'existence de trois périodes :

> ➢ Une période où l'évaporation est plus forte que les précipitations, elle correspond à la saison sèche de Juin à Août ;
> ➢ Une période où les précipitations sont importantes, elle dure cinq mois (de Novembre à Mars) ;
> ➢ Une période de transition pendant les deux mois de Mars à Avril.

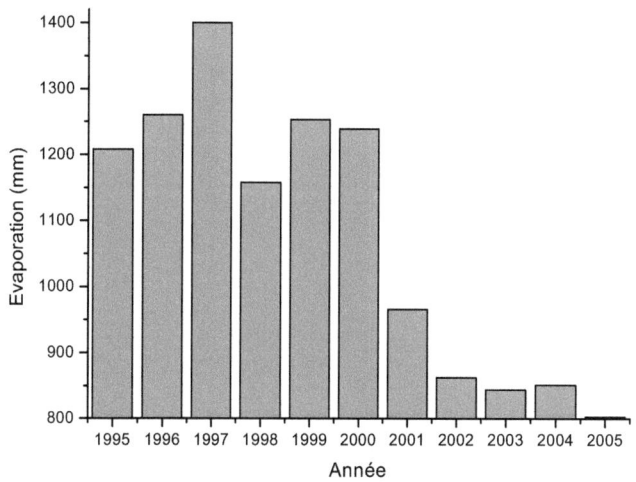

Figure II.8: Profil de variation de l'évaporation.

2.6. La synthèse des facteurs climatiques

Pour caractériser le climat d'une région, on procède à une synthèse des principaux facteurs climatiques (Températures et Précipitations) cela permet de déterminer le seuil critique au dessous duquel le bilan hydrique du sol devient déficitaire.

Différents auteurs dont BAGNOULS et GAUSSEN [7], EMBERGER et STEWART [8] ont proposé des synthèses numériques et graphiques qui rendent mieux compte de cette réalité.

2.6.1. Le diagramme ombrothermique de BAGNOULS et GAUSSEN

Le diagramme ombrothermique de BAGNOULS et GAUSSEN (1953) [7] permet de visualiser et de quantifier la période sèche et humide par la relation $P \leq 2T$.

Avec : P : Représente la précipitation.
T : Représente la température.

Sur le même graphique sont portés : en abscisse, les mois de l'année, en ordonnée, les températures et précipitations, de sorte que l'échelle des précipitations soit double de celle des températures.

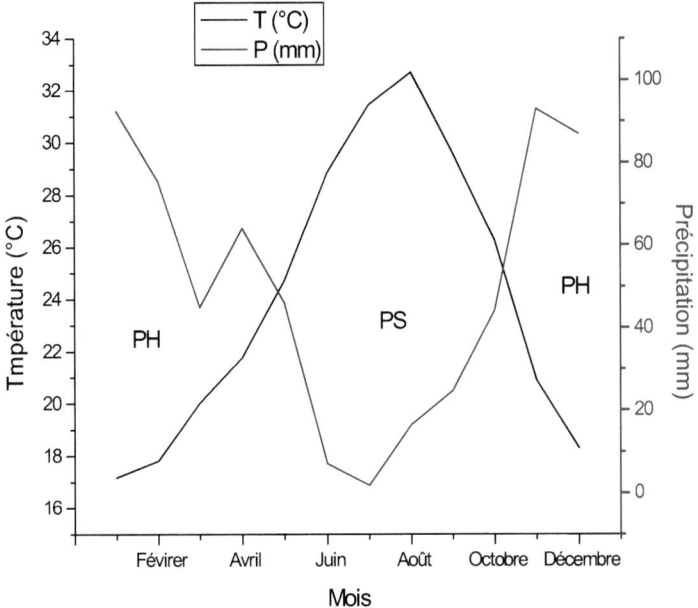

Figure II.9: Diagramme ombrothérmique de BAGNOULS et GAUSSEN appliquer à la région de Beni Messous. (P.H : période humide. P.S : période sèche).

Pour la station que nous étudions, la période sèche dure cinq mois et la période humide s'étend sur sept mois. Donc, la saison humide est plus importante que la saison sèche.

2.6.2. Le quotient pluviothermique et climagramme d'EMBERGER

EMBERGER (1955) [8] a proposé un quotient pluviothermique et un climagramme qui permet de distinguer les différents étages climatiques méditerranéens (humide, subhumide, semi-aride, aride et saharien) ainsi que les variantes de chaque étage (hiver doux, frais, froid ou chaud). Ce quotient a été utilisé dans notre étude pour une meilleure appréciation de la nature de l'étage bioclimatique dans lequel se positionnent les lagunes de Beni Messous ; il est donné par la formule suivante :

$$Q = \frac{P}{\frac{(M+m)}{2}(M-m)} \times 1000$$

Avec :

P : Précipitation moyenne annuelle ;

$\frac{M+m}{2}$: Moyenne des températures annuelles du mois le plus chaud ;

M - m : Amplitude thermique ;

M et m : Exprimés en degré kelvin ;

STEWART (1969) [9] simplifia la formule précédente en proposant un quotient :

$$Q = 3{,}43 \times \frac{P}{(M-m)}$$

M : Température moyenne maximale du mois le plus chaud (C°), M=32,7°C.

M : Température moyenne minimale du mois le plus froid (C°), m= 5,34°C.

P : Moyenne annuelle des précipitations (mm), P= 597,4.

STATION	(M - m)	Moyenne des précipitations annuelles	Q
DAR-EL-BEIDA	27,36	597,4	74,89

La valeur obtenue positionne la région de Beni Messous dans l'étage bioclimatique subhumide à hiver doux (**Fig. II.10**)

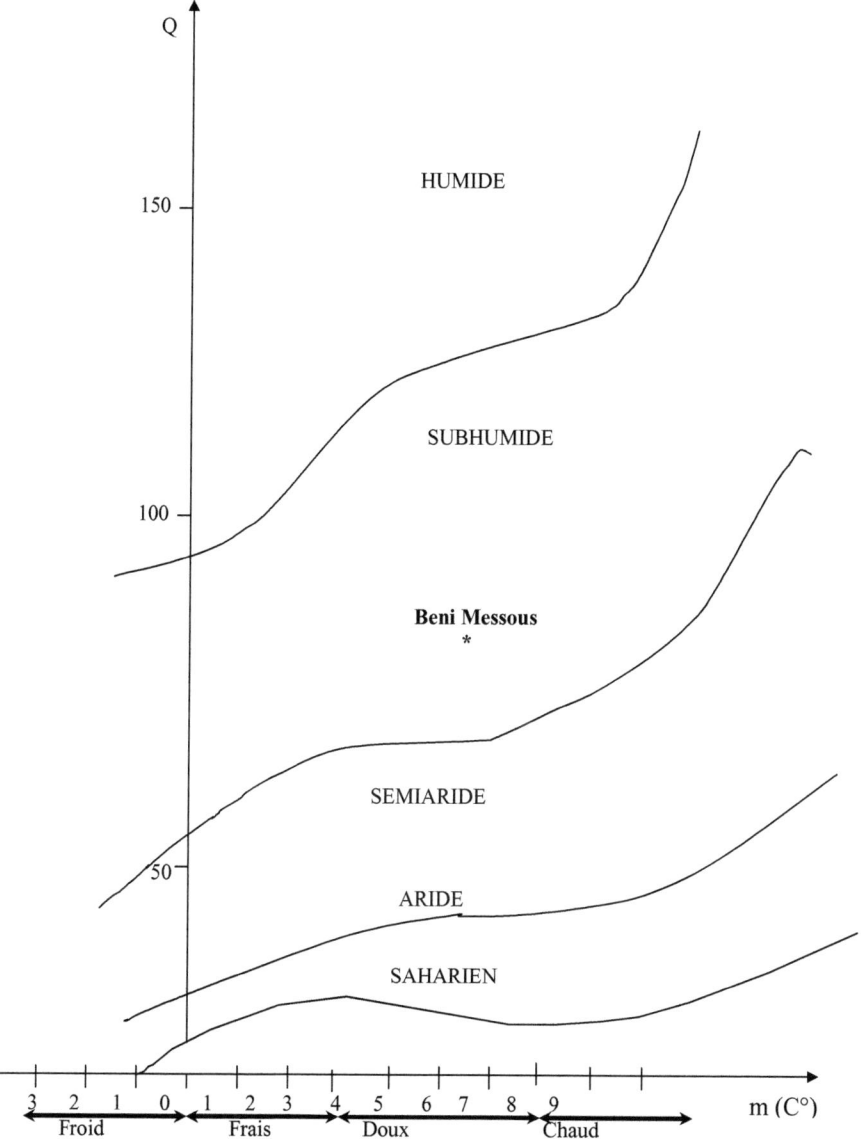

Figure II.10: Position de la région de Beni Messous dans le climagramme d'EMBERGER.

3. Conclusion

Le climat de la région d'étude est un climat relativement pluvieux, tempéré par la proximité de la mer.

Il s'inscrit dans le climat méditerranéen et se caractérise par une saison humide de sept mois et une saison sèche de cinq mois qui correspond à la période estivale.

D'après le diagramme d''EMBERGER, la région de Beni Messous est situé dans l'étage bioclimatique subhumide caractérisé en particulier par des étés secs avec de fortes insolations et d'importantes évaporations et par des hivers doux et humides. Les vents dominant dans la région sont de secteur Sud-Ouest.

D'après les travaux réalisés par Werker et al. (2002), contrairement à l'Hiver où l'activité biologique dans les lagunes est ralentie, en été, elle atteint son optimum par les températures modérées enregistrées, ainsi que par un fort ensoleillement, une grande évaporation et une pluviométrie presque nulle [10].

4. Références bibliographiques

[1] Direction de l'hydraulique et de l'économie de l'eau de la wilaya d'Alger (DHEEWA). ;(2001). Document interne.

[2] Z. TIMISILIN & Z. KEBOUR. « Epuration de l'oued Béni-Messous par lagunage, Faculté de Génie Civil (USTHB), 2002.

[3] K. BOUKRICHA. « Projet de lagunage: Oued Béni-Messous. » Direction de l'Hydraulique et de l'Economie de l'Eau de la Wilaya d'ALGER (DRHEEAW), Document interne, 2001.

[4] Office national des statistiques. « Données démographiques de la région d'Alger. » Document interne, 1999.

[5] Recensement général de la Population et de l'Habitat (RGPH). Document interne, 2004.

[6] Office national de la météorologie. Document interne, Dar El Baida, 2005.

[7] F. BAGNOULS et H. GAUSSEN. «Saison sèche et indice xérothermique. » Bull. Soc. Hist. Nat. de Toulouse, 88, pp. 193-240, 1953.

[8] L. EMBERGER. « Une classification biogéographique des climats. » J. Rec. Trav. Lab. Bot. Géol. Fac. Sc. 7(11), pp. 3-43, 1955.

[9] P. STEWART. « Quotient pluviothermique et dégradation biosphérique. » Bull. Soc. Hist. Nat. Afri. Nord; 59, pp. 23-36, 1969.

[10] A.G. Werker, J.M. Dougherty, J.L. McHenry & W.A. Van Loon. «Treatment variability for wetland wastewater treatment design in cold climates. » J. Ecological Engineering 19, pp.1-11, 2002.

Chapitre III. Résultats et discussions

Introduction

Afin de suivre l'efficacité du procédé de traitement des eaux usées par lagunage naturel au cours de la période d'étude, il est nécessaire de poursuivre son optimisation en se plaçant dans une optique opérationnelle.

Les résultats obtenus pour la présente action d'analyse se sont articulés autour de trois axes :
- ➢ Présenter les variables déterminantes des phénomènes observés à savoir : les températures de l'air et de l'eau ainsi que le pH du milieu lagunaire ;
- ➢ Présenter l'efficacité d'abattement des paramètres d'appréciation de la valeur polluante d'un effluent à savoir la charge organique présentée pour cette étude par la demande biologique en oxygène (DBO_5), la demande chimique en oxygène (DCO) et les matières en suspension (MES), la charge minérale présentée par la variation des concentrations des nitrites, ammoniums et orthophosphates. Ainsi, afin d'évaluer le degré d'épuration de notre système on présentera les rendements d'élimination de chaque paramètre ;
- ➢ En fin, une étude bactériologique sera réalisée pour évaluer d'une part la pollution engendrée par les indicateurs de contamination fécale, et d'autre part l'efficacité de traitement, dans les différents bassins de la lagune.

1. Evolution des conditions du milieu lagunaire au cours de la période d'étude

Les températures de l'eau et de l'air, ainsi que le pH agissent sur l'efficacité du lagunage naturel, par conséquent l'étude de ces paramètres va mettre en évidence leur influence sur la production algale et l'activité photosynthétique qui devient plus importante avec l'augmentation de la température et l'allongement de la durée du jour, ainsi que sur le rendement du traitement biologique.

1.1. Variation des températures de l'air et de l'eau

La température de l'eau des bassins augmente fortement dés le début de notre étude et devient supérieur à 20°C le début de juin.

Selon la Figure VI.1 nous remarquons que, la température de l'eau atteint un maximum de l'ordre de 24°C au mois de Juin et un minimum de 13°C au mois d'Avril.

Les enregistrements en continu permettent de visualiser les importantes fluctuations nycthémérales.

La Figure III.1 nous permet aussi de visualiser que la température de l'air passe de 15°C (valeur minimale) enregistrée la fin d'Avril, pou atteindre 30°C (valeur maximale) le début de Juin pour l'année 2005.

Les valeurs limites des températures de l'eau et de l'air (minimales et maximales) sont enregistrées durant les mêmes périodes, ce lien et dû principalement au transfert de chaleur par convection entre les deux milieux.

La température varie de 15 à 22°C permet le développement des bactéries psychrophiles et mésophiles, à des températures de 22 à 30°C l'activité photosynthétiques des algues est à son maximum. Au-delà de cette limite, l'activité photosynthétique des algues est ralentie ce qui affecte le niveau de concentration en oxygène dissous, et par conséquent, le taux d'élimination des indicateurs fécaux [1].

Durant nôtre étude la température moyenne de l'eau est de 19C°, elle se situe dans l'intervalle des températures qui favorisent le développement des micro-organismes épurateurs, qui est de 4°C à 35°C [2].

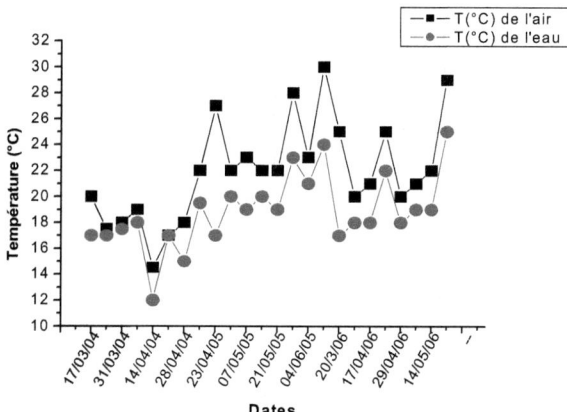

Figure III.1: Evolution des températures de l'air et de l'eau en fonction du temps.

La température moyenne de l'entrée et de la sortie de chaque bassin, augmente significativement de 21,4°C dans le bassin de tête à 23,2°C dans le bassin de sortie. Cette augmentation est due à la fois, à la profondeur décroissante des bassins mais également, à leur surface de contact avec l'air qui diminue aussi. En effet, plus la profondeur et la surface de contact eau-air d'un bassin sont moins importantes, plus celui-ci s'échauffe.

Tableau III.1: Températures, profondeurs et surface de contact air-eau des Quatre bassins du lagunage de Béni-Messous.

Bassins	B1	B2	B3	B4
Température (°C)	21,4	21,9	22,8	23,2
Profondeur (m)	3	2	1,5	1,5
Surface de contact eau-air (m^2)	18000	7000	3800	3040

1.2 Variation de pH du milieu lagunaire

Le pH est considéré comme un paramètre important pour l'évaluation de la qualité d'eau, c'est pourquoi il doit être étroitement surveillé au cours de toute chaîne de traitement des eaux usées.

Selon la Figure III.2 les valeurs de pH se situent entre 7,5 et 8,7 nous remarquons une légère augmentation de ce paramètre ce qui favorise la décontamination des eaux.

Les valeurs de pH obtenues lors de notre travail sont relativement élevées et cela s'explique par la période d'échantillonnage qui correspond à la saison printanière, où la prolifération des algues atteint son maximum. Cette augmentation du pH est due à l'activité photosynthétique des algues, indiquant ainsi l'absence du CO_2 dissous dans l'eau.

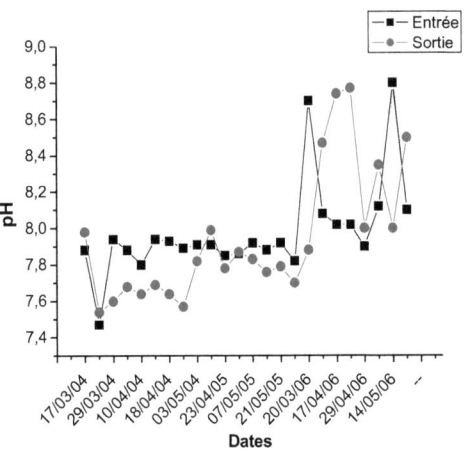

Figure III.2: Evolution du pH de l'eau de la lagune en fonction du temps.

Le pH varie également en fonction du nombre des bassins, la Figure III.3 montre un minimum de 7,4 dans le premier bassin et un maximum de 8,7 dans le troisième bassin (calculés par la moyenne de l'entrée et de la sortie de chaque bassin), selon D. Gaujous [3], un pH compris entre 6 et 9, n'as pas d'incidence écologique forte sur les organismes aquatiques.

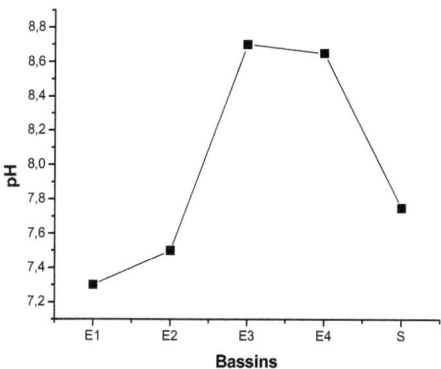

Figure III.3: Evolution du pH de l'eau de la lagune en fonction des bassins.

D'après Severing R. et al., (1995) [4], dans le cas de très fortes densités algales, le pH reste très élevé, généralement supérieur à 8,3. Ceci explique la valeur maximale atteinte dans le troisième bassin qui comme on peut le voir sur la Figure III.3, dépasse même la norme limitée à 8,5. Ceci dit, ce pH élevé favorise la volatilisation de l'azote ammoniacal dans l'atmosphère. En effet, ce phénomène appelé « Stripping » permet d'éliminer par entraînement gazeux des quantités d'autant plus importantes d'azote ammoniacal que le pH est élevé.

Mais reste à savoir au milieu des bassins et les microclimats qui peuvent apparaître et qui dépendent du développement des micro-algues. Durant les périodes caractérisées par un fort développement d'algues, un gradient de pH apparaissait à travers les masses d'eau, ce phénomène a été signalé par BARBAGALLO et *al*. (1999) [5] qui ont constaté une différence de pH proche de deux unités entre la surface et le fond d'un bassin d'effluents traités.

Le pH alcalin et la température modérée enregistrée durant la période d'étude dans les lagunes de Beni-Messous, constituent des conditions idéales pour la prolifération des algues et des bactéries qui établissent un parfait équilibre biologique permettant la dégradation de la matière organique et la décontamination de l'eau. Selon Pearson et al. (1987) [6], des valeurs de pH approchant du 9 ou plus augmentent la mortalité des coliformes fécaux.

2. Evolution des paramètres de pollution

Les paramètres de pollution étudier, affin de tester l'efficacité de la lagune de Beni Messous, sont la pollution organique, minérale et bactériologique.

2.1. Variation de la pollution organique

La pollution organique dans notre étude est caractériser par la variation de la demande biologique en oxygène DBO_5, la demande chimique en oxygène DCO et les matières en suspension MES.

2.1.1. Variation de la demande biologique en oxygène

La demande biologique en oxygène (DBO_5) constitue un moyen très important pour l'étude des phénomènes d'élimination de la pollution organique. Elle exprime la quantité de la matière organique biodégradable présente dans l'eau. Autrement dit, elle quantifie l'importance de l'activité bactérienne qui se déroule dans l'eau. Plus précisément, ce paramètre mesure la quantité d'oxygène nécessaire à la destruction de la matière organique par voie aérobie. L'objectif de cette étude est de déterminer le degré d'élimination de la charge organique au niveau des différents bassins.

Les résultats des analyses effectuées au niveau de chaque bassin en fonction du temps sont représentés sur la Figure III.4.

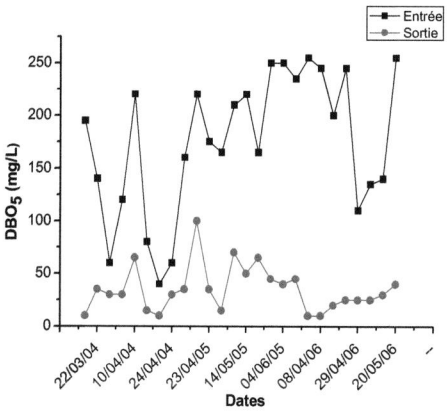

Figure III.4: Evolution de la DBO_5 en fonction du temps

La Figure III.4 illustre les variations de la demande biochimique en oxygène des eaux à l'entrée des bassins et à la sortie (eaux traitées). Les eaux brutes ont une teneur très élevée, ces valeurs varient entre 165 et 250 mg/L, par contre à la sortie des lagunes ces valeurs sont dans une fourchette de 15 à 10 mg/L en moyenne, ces résultats sont en accord avec ceux trouvés par Melià n et al. en (2009) [7] qui ont enregistrés des variation de la DBO_5 de 314 mg/L à l'entré de la lagune située dans la région de Tafira (Espagne), pour atteindre des valeurs de 16 mg/L à la sortie.

Il faut signaler également que la demande biochimique en oxygène présente des variations en fonction du nombre des bassins. Ces variations sont illustrées sur la Figure III.5.

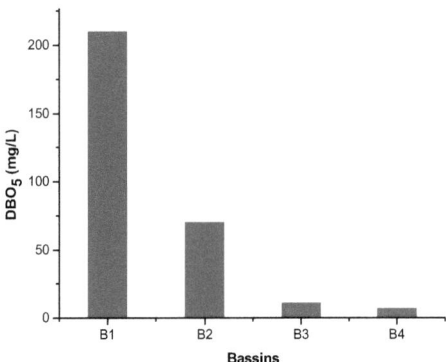

Figure III.5 : Variation de la DBO_5 en fonction du nombre des bassins

Les valeurs les plus élevées de la DBO_5 sont enregistrées à l'entrée de la première lagune, puis elle diminue dans les autres bassins et/ou les valeurs se rapprochent.

Ces variations s'expliquent par une valeur élevée de la DBO_5 de l'ordre de 210 mg/L au niveau du premier bassin, qui présent l'entrée des eaux usées brutes, due au faible débit de l'effluent (Oued) où la concentration de la pollution est trop importante; puis les valeurs de la DBO_5 diminuent au niveau de deuxième bassin avec une valeur de 70 mg/L pour atteindre les 11 mg/L et 6 mg/L au niveau de la troisième et la quatrième lagunes respectivement, cette diminution est due probablement a une importante activité bactérienne au niveaux de ces bassins.

Le diagramme radar de la Figure III.6 positionne les valeurs de DBO_5 des eaux brutes et traitées par rapport à la norme de rejet.

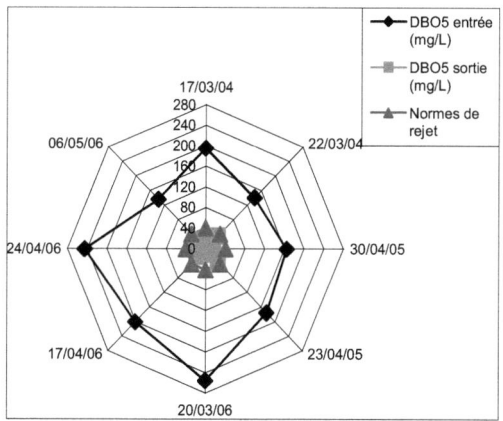

Figure III.6 : Diagramme Radar localisant des valeurs de DBO_5 par rapport aux normes de rejet.

D'après ce diagramme nous constatons que les valeurs obtenues à la sortie de la station d'épuration sont dans ou très proches de la bande d'équilibre 40 mg/L, ce qui nous permet de conclure que l'eau traitée par les lagunes de Beni Messous peut être réutilisé en irrigation.

Afin d'étudier l'efficacité de la station d'épuration par lagunage naturel de Beni Messous, nous avons calculé les rendements d'élimination de la demande biologique en oxygène de chaque bassin au cours de la période de traitement.

La figure suivante illustre la variation des rendements d'élimination des la DBO_5 en fonction du nombre des bassins.

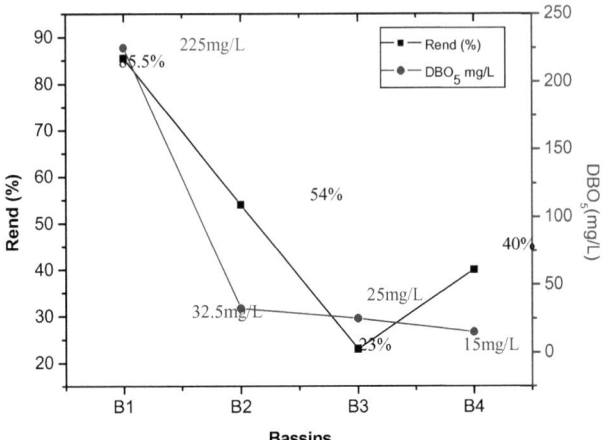

Figure III.7: Evolution du rendement d'élimination de la DBO$_5$ au cours du traitement.

Selon la Figure III.7, nous remarquons que le rendement d'élimination de la DBO$_5$ diminue en fonction du nombre des bassins. La plus grande partie de la pollution est éliminée dans le premier bassin, le rendement est de l'ordre de 85% pour un abattement de la DBO$_5$ de 225 mg/L à l'entrée de la lagune (B1) qui atteint une valeur de 32.5 mg/L à l'entrée de deuxième bassin, les rendements d'élimination enregistré sont respectivement de 54% et 23% au niveau de 2ème et 3ème bassin. Une augmentation de rendement est observée la sortie de la lagune pour atteindre une valeur de 40% avec une concentration de la DBO$_5$ de 15 mg/L, cela peut être expliqué par le fait que le quatrième bassin possédant une faible profondeur permet une importante pénétration de la lumière et une bonne production de l'oxygène dissous. Ces conditions favorisent la dégradation de la matière organique, ce qui laisse à penser que le dernier bassin (B4) à jouer le rôle d'une lagune de finition et ainsi affiner le traitement.

Des résultats très proche des notre ont été signalé par Vanotti et al., (2007) **[8]**, de Koning et al., (2008) **[9]** et Martinez et al., (2009) **[10]**.

2.1.2. Variation de la demande chimique en oxygène

La demande chimique en oxygène (DCO), exprimée en mg d' (O_2)/L, correspond à la quantité d'oxygène nécessaire pour la dégradation par voie chimique est dans des conditions biens définies de la matière organique ou inorganique contenue dans l'eau (GROSCLAUDE, 1999) **[11]**. Elle représente donc, la teneur totale de l'eau en matières oxydables, à la différence de la DBO_5, qui ne prend en compte que les matières organiques biodégradables. Pour cela, la valeur de la DCO est toujours supérieure à celle de la DBO_5.

La variation de la demande chimique en oxygène en fonction du temps pendant la période d'étude est présentée sur la Figure III.8.

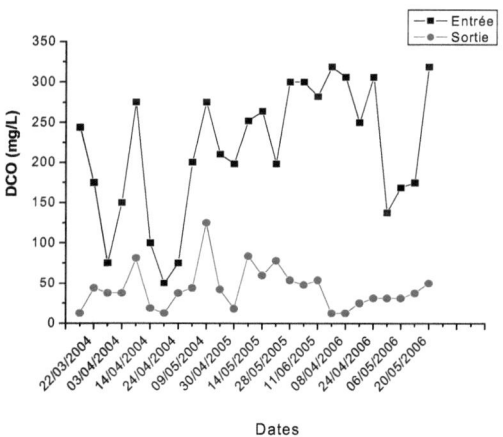

Figure III.8: Evolution de la DCO en fonction du temps

Nous constatons d'après cette figure que la concentrations de la DCO de l'eau brute à l'entré de la lagune est de 320 mg/L, à la sortie de la station elle est réduite pour atteindre des valeurs proches de 25 mg/L en moyenne, il faut signaler que les eaux usées traitées par la station d'épuration de Beni Messous possèdent une valeur de la demande chimique en oxygène inférieure à la norme de rejet fixée par la législation algérienne qui est de 120 mg DCO/L et correspond, effectivement, selon BLIEFERT et PERRAUD (2001) **[12]** à la DCO typique des eaux communales après épuration biologique.

La demande chimique en oxygène varie également en fonction de nombre des bassins, cette variation est illustrée sur la Figure III.9.

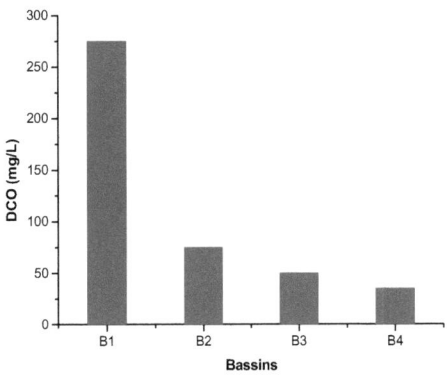

Figure III.9: Variation de la DCO en fonction du nombre des bassins

Selon la figure précédente, nous constatons que la valeur la plus élevée de la DCO 275 mg/L en moyenne est enregistrée au niveau du premier bassin, qui reçoit les eaux usées brutes de l'oued de Beni Messous, la concentration de ce paramètre diminue avec le sens d'écoulement, pour enregistrer une valeur de 35 mg/L au niveau du quatrième bassin. Lorens et al (2009) **[13]**, ont trouvé des valeurs de la demande chimique en oxygène, qui varient de 145 mg/L dans le premier bassins pour atteindre des concentrations de 60 mg/L à la sortie, dans une lagune située au Catalonia (nord-est de l'Espagne) composée de 3 bassins, la différence des résultats obtenus durant notre étude et ceux publier par ces auteurs spécialement pour la valeur finale de la DCO à savoir 35 mg/L dans la station de lagunage de Beni Messous et 60 mg/L pour la lagune de catalonia citée plus haut , est peut être due principalement à l'existences de quatrième bassin qui a affiné encore plus l'épuration, une valeur de la DCO de 68 mg/L à été enregistrée en USA en 2008 (Sandu et al.,) [14]. A partir des valeurs obtenues dans notre étude et ceux donner par la littérature, en peut déduire que le lagunage naturel présents un traitement très efficace des eaux usées vis-à-vis de ce paramètre.

Afin de vérifier le degré d'épuration de la lagune de Beni Messous, nous avons étudie la variation des rendements d'élimination de la DCO en fonction de nombre des bassins, les résultats obtenus sont illustrés sur la Figure III.10.

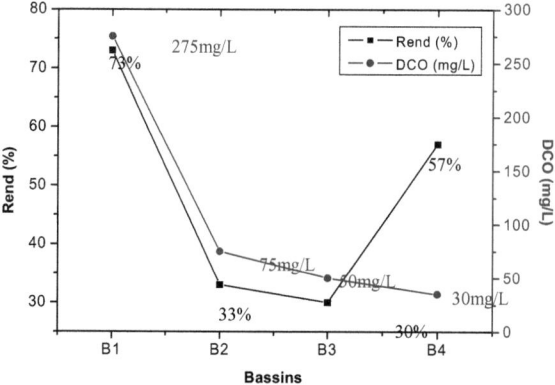

Figure III.10: Evolution du rendement d'élimination de la DCO au cours du traitement.

Nous constatons que la DCO a diminué de 275 mg/L à 75 mg/L avec un rendement d'élimination de 73% dans le premier bassin, ce rendement atteint une valeur de 33% avec une DCO à la sortie de 2ème bassin (B3) de 50 mg/L et 30% au niveau du 3ème bassin la concentration de la DCO à la sortie de ce bassin est de 30 mg/L, le rendement d'élimination augment dans le 4ème bassin pour atteindre une valeur de 57% ce qui laisse à penser que ce bassin a joué le rôle d'une lagune de finition. Les résultats obtenus par la présente étude semblent très similaires avec ceux cités par Wen et al. (2009) **[15]**, Sandu et al., (2008) **[14]** et Rousseau et al., (2004) **[16]**.

2.1.3. Evaluation du coefficient de biodégradabilité (K_e)

Le coefficient de biodégradabilité n'est autre que le rapport DCO/DBO_5, il nous donne une première estimation de la biodégradabilité de la matière organique d'un effluent; c'est à dire la faculté de transformation de la matière organique en matière minérale, admissible par le milieu naturel. On convient généralement des limites suivantes **[17]** :

- K_e = 1 : l'effluent présente une pollution totalement biodégradable ;
- 1 < K_e < 2.5 : l'effluent est facilement biodégradable (cas des eaux usées domestiques);
- 2.5 < K_e < 3.2 : l'effluent est biodégradable avec des souches sélectionnées (les effluents des industries agro-alimentaires) ;
- K_e > 3.2 : l'effluent n'est pas biodégradable (effluents des industries de raffineries, de textiles, de pesticides…).

Afin de vérifier la biodégradabilité des eaux usées brutes de l'oued de Beni Messous, nous avons calculé le coefficient de biodégradabilité de l'effluent avant le passage de la lagune.

La figure suivante met en évidence la variation de K_e (coefficient de biodégradabilité) au cours de traitement.

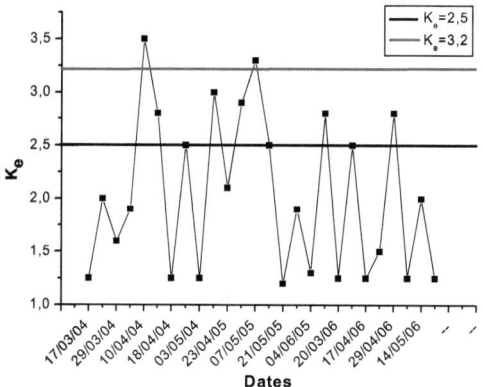

Figure III.11: Evolution du coefficient de biodégradabilité au cours du traitement.

Selon la Figure III.11 nous remarquons que la totalité des échantillons possèdent un coefficient de biodégradabilité compris entre 1 et 2.5, donc environ 71% des échantillons sont facilement biodégradable, 19% des échantillons ont un K_e compris entre 2.5 et 3.2 et 7% des échantillons ont un coefficient supérieur à 3.2, et par conséquent ne sont pas biodégradable. Cela peut être due principalement à :

1- aux rejets hospitaliers de l'hôpital Beni Messous qui déverse ces effluents dans l'oued sans aucun traitement préalable ;

2- étant donné que les lagunes de Beni Messous sont implantées dans une région à vocation plus où moins agricole ceci peut provoquer un ruissellement par les eaux pluviales des engrais et des pesticides ainsi que d'autres produits de traitement des plantes et d'élevage.

Contrairement aux résultats obtenus par notre étude, Balcıoglu et al. (2006) ont enregistré un coefficient de biodégradabilité qui varie entre 3.5 et 9 lors de traitement d'un effluent issue d'une papeterie [18].

2.1.4. Variation des matières en suspension

La détermination de la concentration des matières en suspension (MES) est essentielle pour évaluer la répartition de la charge polluante entre pollution dissoute et pollution sédimentable, car le devenir de ces deux composantes est très différent, tant dans le milieu naturel que dans les systèmes d'épuration.

Selon BONTOUX, 1993 [19], dans une eau usée urbaine, prés de 50 % de la pollution organique se trouve sous forme de MES. Les résultats pour les eaux usées industrielles sont très variables, il est de même pour les eaux naturelles où la nature des MES est souvent minérale et leur taux est relativement bas, sauf en période de crue des cours d'eau.

La composition des MES peut être appréciée par analyse directe : plus souvent, elle est obtenue par différence des caractéristiques des eaux brutes et des eaux filtrées. Les MES sont exprimées en mg/L.

D'après les résultats obtenus, les concentrations des matières en suspension présentent des variations en fonction des prélèvements, pendant la période d'étude, ces résultats sont représentés sur la Figure III.12.

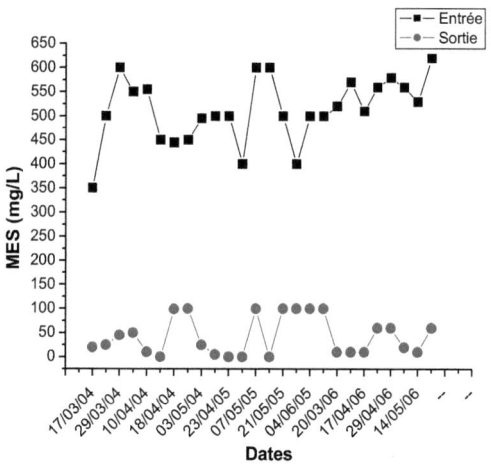

Figure III.12: Evolution des MES en fonction du temps

Les résultats obtenus pour les matières en suspension montrent qu'il y a une élimination très importante de ces derniers entre l'entrée et la sortie de la lagune. En effet, à l'entrée du système par lagunage nous constatons que l'eau brute présente des valeurs très importantes des MES qui sont comprise entre 400 et 600 mg/L, ceci est due probablement au fort débit de déversement des eaux usées dans l'oued Beni Messous, riches en particules susceptibles de créer une telle pollution. Les eaux après traitement par les lagunes présentent une faible teneur en MES, on retrouve des valeurs inférieures à 10 mg/L. Les résultats obtenus par cette étude sont en accord avec ceux trouvés par Rigoni-Stern et al., (1990) en Italie [20], des recherches plus récentes (Kumlanghan et al., (2008) [21], confirment également nos résultats.

La concentration des MES est réduite en moyenne de 485 mg/L à 30 mg/L, valeur inférieure à la norme de rejet fixée à 35 mg MES/L [22].

La variation de la concentration des matières en suspension en fonction des bassins de la station d'épuration de Beni Messous est donnée par les histogrammes de la Figure III.13.

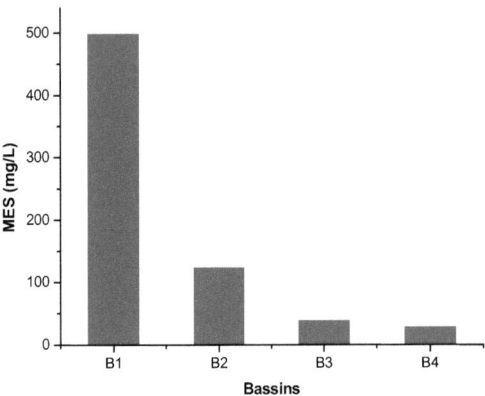

Figure III.13: Variation des MES en fonction du nombre des bassins

Selon la figure précédente, nous constatons une valeur très importante des MES au niveau de premier bassin 500 mg/L, cette valeur est réduite pour atteindre une concentration de 125 mg/L dans le deuxième bassin puis respectivement 40 mg/L et 30 mg/L au niveau de troisième et quatrième bassin. Cela laisse à penser que la totalité des matières en suspension reçues par la station de Beni Messous, est éliminées au niveau de premier bassin. Pour mieux confirmer ce résultat un calcul des rendements d'épuration des MES pour chaque bassin a été effectué, et illustré sur la figure suivante :

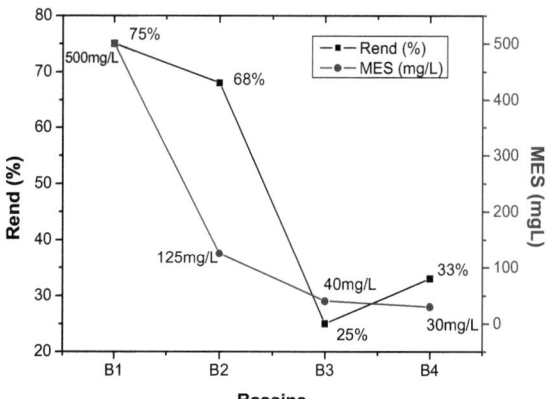

Figure III.14: Evolution du rendement d'élimination des MES au cours du traitement.

D'après la figure précédente, on remarque que 75 % des matières en suspension sont éliminées au niveau de premier bassin, ceci laisse à penser que ce denier a joué le rôle d'une lagune de décantation, le rendement d'élimination atteint 68 % dans le deuxième bassins et 25 % dans le troisième bassin, il augmente ensuite au niveau de dernier bassins pour atteindre un abattement de 33 %. Le rendement global d'élimination des matières en suspension dans la lagune de Beni Messous est de 94% des résultats similaires ont été obtenu par Herrera Melian et al. (2009) [7].

La diminution de rendement d'élimination des matières en suspension au niveau de troisième bassin peut être expliquée par le fait que cette lagune est le lieu habituel de développement excessif des microalgues [23]. Pour confirmer cette conclusion, une étude de variation de la concentration de la chlorophylle *a* en fonction de nombre des bassins a été effectuée. Le résultat obtenu est illustré sur la Figure III.15.

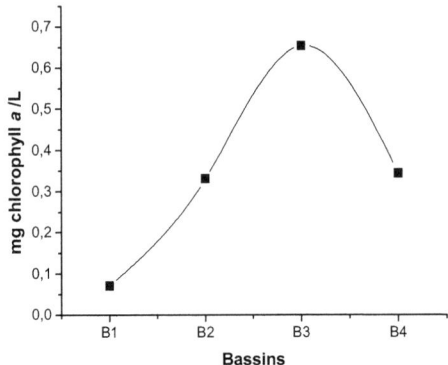

Figure III.15: Variation de la concentration de la chlorophylle *a* en fonction du nombre des bassins

Nous remarquons selon la figure précédente qu'au niveau de 3ème bassin (B3) la concentration de la chlorophylle *a* a augmentée pour atteindre des valeurs de 0.65 mg/L ce qui a engendré l'augmentation de la concentration des matières en suspension et par conséquent une diminution de rendement d'élimination de ce paramètre au niveau de ce bassin.

2.2. Variation de la pollution minérale

La pollution minérale est présentée dans cette étude par les nitrites (NO_2^-), l'ammonium (NH_4^+) et les orthopohsphates (PO_4^{3-}).

2.2.1. Evolution de la concentration des nitrites et ammoniums

Dans les eaux usées domestiques, l'azote est sous forme organique et ammoniacale, on le dose par mesure du N-NTK (Azote Totale Kjeldahl) et la mesure du N-NH$_4$. La concentration du N-NTK est de l'ordre de 15 à 20% de celle de la DBO. L'apport journalier est compris entre 10 et 15g par habitant (GROSCLAUDE, 1999) [11].

L'ammonium est souvent dominant; c'est pourquoi, ce terme est employé pour designer l'azote ammoniacal (AMINOT et CHAUSSEPIED, 1983) [24]. En milieu oxydant, l'ammonium se transforme en nitrites puis en nitrates ; ce qui induit une consommation d'oxygène (GAUJOUS, 1995) [3].

Les ions nitrites (NO$_2^-$) sont un stade intermédiaire entre l'ammonium (NH$_4^+$) et les ions nitrates (NO$_3^-$). Les bactéries nitrifiantes (nitrosomonas) transforment l'ammonium en nitrites. Cette opération, qui nécessite une forte consommation d'oxygène, est la nitritation. Les nitrites proviennent de la réduction bactérienne des nitrates, appelée dénitrification.

Les nitrites constituent un poison dangereux pour les organismes aquatiques, même à de très faibles concentrations. Sa toxicité augmente avec la température. Ils provoquent une dégradation de l'hémoglobine du sang des poissons qui ne peut plus véhiculer l'oxygène. Il en résulte la mort par asphyxie (SEVRIN-REYSSAC et al., 1995) [4].

Plusieurs études ont montré que l'ammonium est la forme d'azote préférentiellement utilisée par les microalgues dans les lagunes (Ower et al., 1981) [25].

La variation des concentrations des nitrites et ammonium pendant la période d'étude sont illustrés sur la Figure III.16 et la Figure III.17.

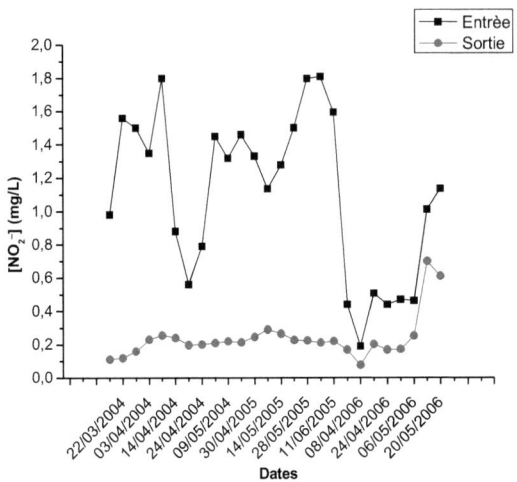

Figure III.16: Evolution de la concentration des nitrites en fonction du temps

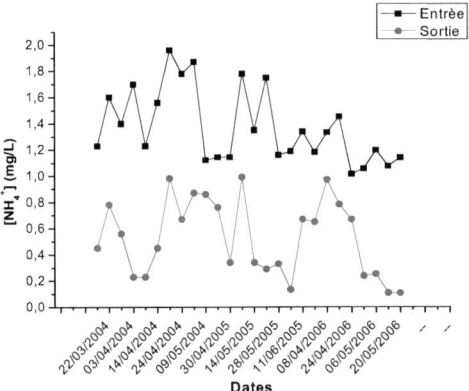

Figure III.17: Evolution de la concentration d'ammonium en fonction du temps

Nous constatons d'après les figures III.16 et III.17 que l'eau usée à l'entrée de la lagune possède des concentrations moyennes en nitrites et en ammonium de l'ordre de 1.3 et 0.8 mg/L respectivement, après traitement ces concentrations sont réduites pour atteindre des valeurs de 0.78 mg/L pour les nitrites et 0.6 mg/L pour l'ammonium. D'après Musil et Breen (1977) et Nelson et al., (1981) [26, 27], l'élimination des nitrates dans les lagunes semble être contrôlée par un processus enzymatique, alors que c'est un phénomène de diffusion qui contrôle le prélèvement de l'ammonium.

La variation des rendements d'élimination de ces 2 paramètres est illustrée sur les figures III.18 et III.19.

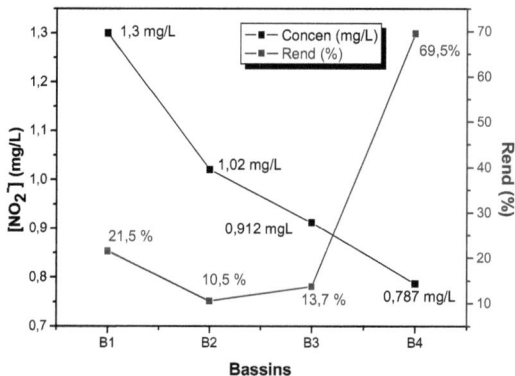

Figure III.18: Evolution du rendement d'élimination des nitrites au cours du traitement.

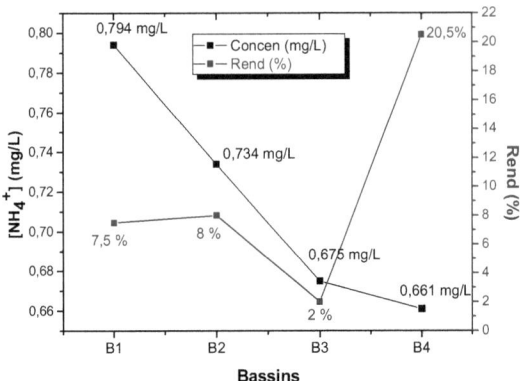

Figure VI.19: Evolution du rendement d'élimination d'ammonium au cours du traitement.

D'après les figures précédentes, on remarque que les rendements d'élimination des nitrites et d'ammonium sont respectivement de l'ordre de 21.5% et 7.5% au niveau du 1er bassin, ces rendements atteints des valeurs de 69.5% pour les nitrites et 20.5% pour l'ammonium au niveau du 4eme bassin.

Les plus faibles valeurs des rendements d'élimination de ces deux paramètres sont enregistrées au niveau de 3^{èm} bassin (B3), à savoir 13.7% pour les nitrites avec une concentration de 0.912 mg/L et 2% pour l'ammonium avec une concentration de 0.675 mg/L, ce faible taux d'abattement des sels nutritifs au niveau de ce bassin est peut être du au développement excessive des micro algues dans qui utilisent les sels minéraux pour la synthèse de leur matériel cellulaire. Les résultats obtenus par la présente étude semblent en accord avec ceux publiés par Kimberley et al., (2003), et Loyd et al., (2000) **[28, 29]**.

2.2.2. Evolution de la concentration des orthophosphates

Le phosphore est présent dans l'eau sous plusieurs formes : phosphates, polyphosphates, phosphore organique ...etc. ; les apports les plus importants proviennent des déjections humaines et animales, et surtout des produits de lavage.

Agents d'eutrophisation gênant dans le milieu naturel, les phosphates n'ont pas d'incidence sanitaire et les polyphosphates sont autorisés comme adjuvants pour la prévention de l'entartrage dans les réseaux (BONTOUX, 1993) **[19]**.

La variation de la concentration des orthophosphates pendant la période d'étude est représentée sur la figure suivante :

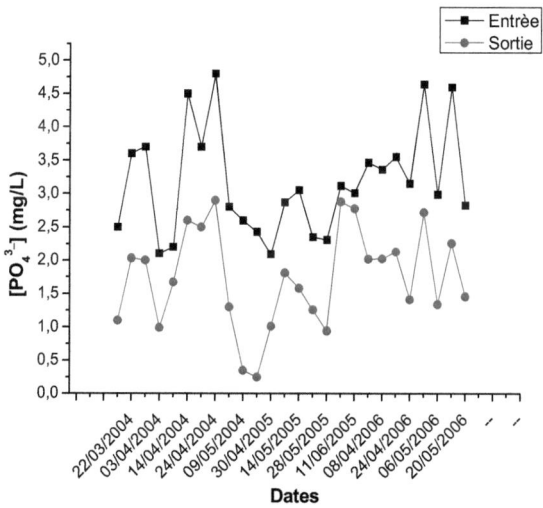

Figure III.20: Evolution de la concentration des orthophosphates en fonction du temps

L'eau usée avant traitement possède une concentration de 4,6 mg/L en orthophosphate cette valeur est réduite pour atteindre 0,2 mg/L après passage dans la lagune, cette diminution de la pollution phosphorée est contrôlée d'après Ku et al. (1978), Richardson (1985) et Richardson et al. (1993) **[30, 31, 32]** par un ensemble d'interaction physico-chimiques eux même contrôlées par le potentiel redox, le pH, les ions Fe^{3+}, Al^{3+} et Ca^{2+}.

La Figure III.21 illustre la variation des rendements d'élimination des orthophosphates pour chaque bassin.

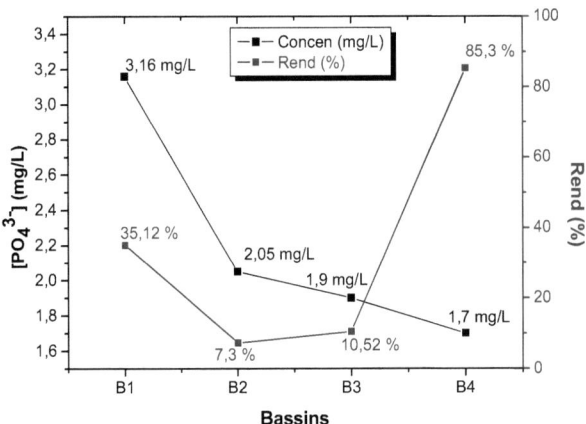

Figure III.21: Evolution du rendement d'élimination des orthophosphates au cours du traitement.

On constate que le rendement d'élimination des orthophosphates est de 35.12% au niveau de premier bassin (B1) avec une concentration de 3,16 mg/L puis il augmente pour atteindre une valeur de 85,3% au niveau de quatrième bassin et une concentration de 1,7 mg/L en moyenne. Le rendement global d'élimination de la pollution engendrée par les orthophosphates dans la lagune de Beni Messous atteint une valeur de 95,6%. J. Vymazal (2009) **[33]** a signalé un rendement qui varie entre 92% et 98%, valeur très proche des résultats obtenus par la présente étude. D'après Dorioz et al., (1988) **[34]** l'élimination de la pollution phosphorée est du probablement à la rétention des ions orthophosphates par les sédiments. L'évolution des rendements d'élimination des PO_4^{3-} dans les lagunes témoigne d'une bonne efficacité de ce procédé de traitement des eaux usées pour l'élimination des orthophosphates.

2.3. Variation de la pollution bactériologique

Des flacons en verres de 500 mL stériles sont réservés pour l'analyse bactériologique. Les échantillons sont transportés au laboratoire dans une glacière isotherme sous une température de 4°C.

Les germes recherchés et dénombrés sont les coliformes totaux, les coliformes fécaux, *Escherichia coli* et les Stéptocoques fécaux, ces germes sont révélateur d'une contamination fécale et entraînent par leurs abondances la présomption de contamination plus dangereuse **[35]**.

La méthode de dénombrement de ces germes est la méthode du nombre le plus probable (NPP) par l'incubation des échantillons en milieu liquide (Annexe 1).

La détermination du nombre caractéristique (nombre des tubes positifs) permettra l'établissement du nombre le plus probable par la consultation de la table de Mc Grady **[36]** (Annexe 1).

Le dénombrement des Sulfito-réducteurs a été aussi effectué ainsi que la recherche des vibrions et des salmonelles.

2.3.1. Etude de l'origine de la pollution

L'origine de la pollution fécale, a été étudiée par Haslay et Leclerc [37] qui ont proposé d'évaluer le rapport de la concentration en coliforme fécaux à celles des streptocoques fécaux (CF/SF) pour déterminer l'origine de la contamination.

L'interprétation de ce rapport CF/SF est la suivante :

- CF/SF< 0,7 la pollution est d'origine animale ;
- CF/SF compris entre 0.7 et 1 la pollution est à prédominance animale ;
- CF/SF est compris entre 1 et 2 la polluti
- on est d'origine inconnue (incertitude dans l'interprétation) ;
- CF/SF compris entre 2 et 4 la pollution est à prédominance urbaine d'origine humaine ;
- CF/SF>4 la pollution est exclusivement urbaine (d'origine humaine).

L'application du barème précédent, sur les valeurs calculées durant la période de notre étude confirme que la pollution engendrée par les eaux usées rejetées dans les lagunes de Beni Messous est exclusivement humaine (CF/SF>>4), à l'exception de certains prélèvements ou le rapport CF/SF et supérieur à 0.7 ce qui signifie que l'origine de la pollution est animale cela est due principalement aux rejets des stations d'élevage, des ruissellements et lessivage des terres agricole situées à la proximité de la station de traitement des eaux usées par lagunage. L'analyse bactériologique est effectuée dans le but de connaître les variations des concentrations des germes après le passage de l'eau usée à travers les différents bassins.

2.3.2. Coliformes totaux (CT)

D'après l'histogramme suivant, on remarque que la charge bactérienne en Coliformes totaux est maximale à l'entrée du premier bassin puis diminue de plus en plus avec le sens d'écoulement des eaux. A l'entrée le nombre moyen de germes par 100 mL est de 140.10^8 et à la sortie ce nombre est de $3,5.10^6$ avec un rendement d'épuration moyen de 99.9 %.

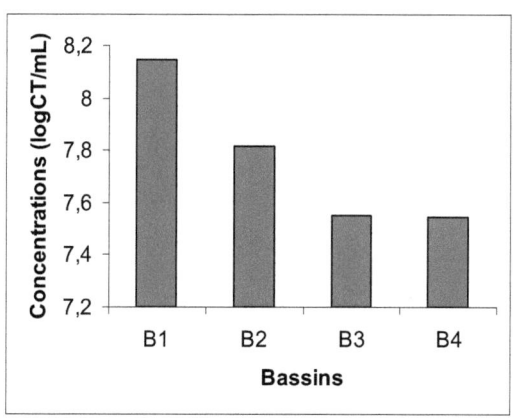

Figure III.22: Evolution de la concentration moyenne des Coliformes Totaux au niveau des différents bassins.

2.3.3. Coliformes fécaux (CF)

A l'entrée du premier bassin (B1) la concentration moyenne des Coliformes fécaux est de 140.10^8 germe/100mL la diminution n'est visible qu'à partir du troisième bassin de l'ordre de $6,48.10^5$ germe/100mL avec un rendement moyen égal à 99%.

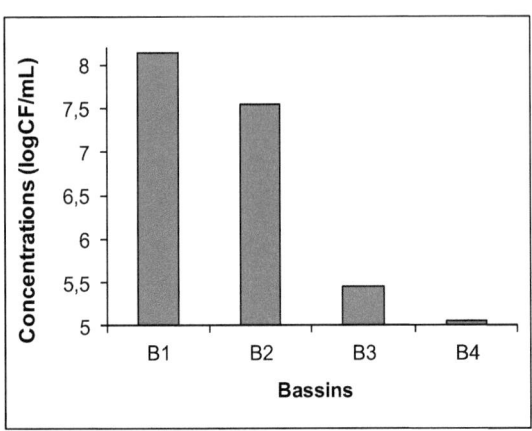

Figure III.23: Evolution de la concentration moyenne des Coliformes Fécaux au niveau des différents bassins.

2.3.4. Echerichia coli (E. Coli)

Pour ce germe on remarque que la charge bactérienne est au maximum à l'entrée du premier bassin puis diminue de plus en plus avec le sens d'écoulement des eaux. A l'entrée de la lagune (B1) la concentration moyenne est de 140.10^8 germe/100mL, à la sortie elle est de 4.10^5 germe/mL. Le rendement moyen d'épuration est de 99 %.

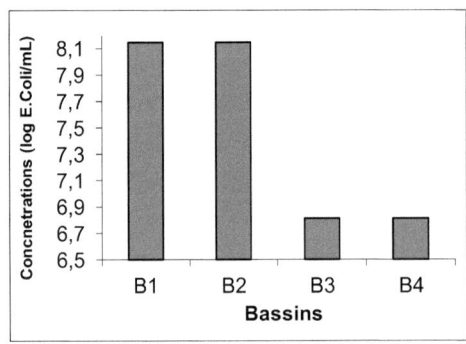

Figure III.24: Evolution de la concentration moyenne de *E.Coli* au niveau des différents bassins.

2.3.5. Streptocoques fécaux (SF)

La concentration moyenne Streptocoques fécaux diminue avec le sens d'écoulement des bassins, celle-ci passe de 140.10^8 à 7.10^5 germe/100mL, avec un rendement de 99%.

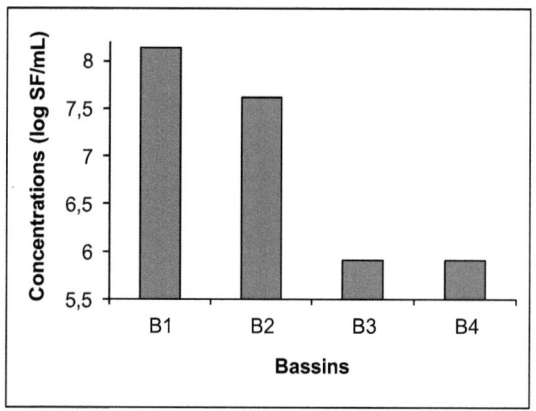

Figure III.25 : Evolution de la concentration moyenne des Streptocoques Fécaux au niveau des différents bassins.

2.3.6. Salmonelles

D'après l'analyse faite à l'entrée et à la sortie de la lagune, le nombre de Salmonelles par 100 mL est supérieur à 1600 germes avant le traitement, et 1072 après le traitement avec un rendement de l'ordre de 33%.

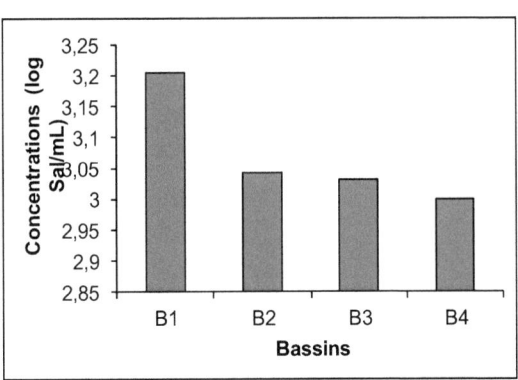

Figure III.26: Evolution de la concentration moyenne des Salmonelles au niveau des différents bassins.

2.3.7. Sulfito-réducteurs

L'histogramme ci-dessous illustre l'abattement des Clostridiums sulfito-réducteurs, le nombre de ces derniers passes de 1650 à 33 par 100 ml soit un rendement moyen de 98%.

La diminution des Sulfito-réducteurs dans le deuxième bassin peut s'expliquer par un certain nombre de point :

➢ Les conditions dans le premier bassin favorable au développement des bactéries Sulfito-réductrices, car il s'agit du bassin anaérobie où les conditions sont très réduites ;

➢ Le deuxième bassin par contre est moins profond, c'est le bassin aérobie, les conditions deviennent de plus en plus défavorables à ces germes, en effet, l'épuisement du substrat, la présence d'oxygène inhibe la croissance des bactéries et la germination des spores.

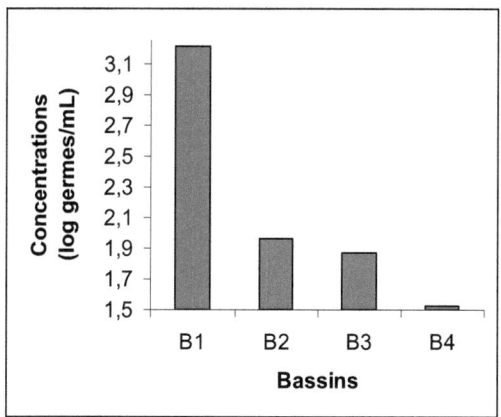

Figure III.27: Evolution de la concentration moyenne des Sulfito-réducteurs au niveau des différents bassins.

2.3.8. Isolement et identification bactérienne

L'isolement et l'identification des Entérobactéries sont réalisées en utilisant des tubes positifs de bouillon lactosé S/C et D/C et tubes de VBL et des cultures sur gélose Hektoen.

La recherche des Salmonelles et des Vibrions est effectuée par la méthode qualitative qui comporte 3 étapes : enrichissement, isolement et identification biochimique par galeries Api 20E et Api 20NE (CEAEQ, 2003c) **[38]**.

Après l'isolement, l'identification biochimique des Streptocoques a était effectuée sur des galeries Api 20STRE. Les résultats obtenus sont présentés dans les tableaux III.2 et III.3.

Tableau III.2: Identification biochimique des bactéries isolées (Enterobacteriaceae).

Groupe	Enterobacteriaceae				
Caractères	Coliformes			Salmonelles	
Aspect des cellules	Bacilles	Bacilles	Bacilles	Bacilles	Bacilles
Gram	-	-	-	-	-
Catalase	-	-	V	V	/
Production de gaz	+	+	+	+	+
Coagulase	/	/	/	/	/
Esculinase	/	/	/	/	/
Oxydase	-	-	-	-	-
ONPG	+	+	+	+	+
ADH	-	+	-	+	+
LDC	+	-	-	+	-
ODC	+	+	+	+	-
CIT	-	+	+	-	+
H₂S	-	-	-	+	+
Nom de l'espèce	E. coli	Enterobacter cloaceae	Citrobacter freundii	Salmonella arizonae	Salmonella typhi

V : variable selon la souche

Onpg : orthonitrophenyl-b-D-galactopyranoside; **ADH**: l'arginine dihydrolase ; **LDC**: lysine décarboxylase; **ODC**: l'ornithine décarboxylase; **CIT**: tubes avec Citrate liquide (0,5 ml de Citrate à 3,8 ml/5 ml), à bouchon bleu.

Tableau III.3: Identification biochimique des bactéries isolées (Vibrionaceae et Micrococcaceae).

Groupe	Vibrionaceae				Micrococcaceae (Steptocoques)
Caractères	Aeromonas	Vibrions			
	Bacilles	Bacilles	Bacilles incurvés	Bacilles incurvés	Paires en chaînettes
Aspect des cellules					
Gram	-	-	-	-	+
Catalase	/	/	V	V	-
Production de gaz	+	+	+	+	-
Coagulase	/	/	/	/	-
Esculinase	/	/	/	/	+
Oxydase	+	/	+	+	-
ONPG	+	/	+	-	/
ADH	+	/	-	-	/
LDC	-	/	+	+	/
ODC	-	/	V	V	/
CIT	+	+	+	-	/
H₂S	-	-	-	-	/
Nom de l'espèce	Aeromonas hydrophila	V.parahaemolyticus	V. alginolyticus	V. fluvialis	S. faecalis

V : variable selon la souche

Onpg : orthonitrophenyl-b-D-galactopyranoside; **ADH**: l'arginine dihydrolase ; **LDC**: lysine décarboxylase; **ODC**: l'ornithine décarboxylase; **CIT**: tubes avec Citrate liquide (0,5 ml de Citrate à 3,8 ml/5 ml), à bouchon bleu.

2.4. Essai de corrélation

Pour quantifier l'influence de la pollution organique sur la pollution bactériologique et vérifier si il y'a une corrélation entre la demande biologique en oxygène et la concentration des germes pathogènes, nous avons étudiés la variation des concentrations moyennes des germes pathogènes dans chaque lagune en fonction de la concentration moyenne en DBO_5, la figure suivante illustre cette variation :

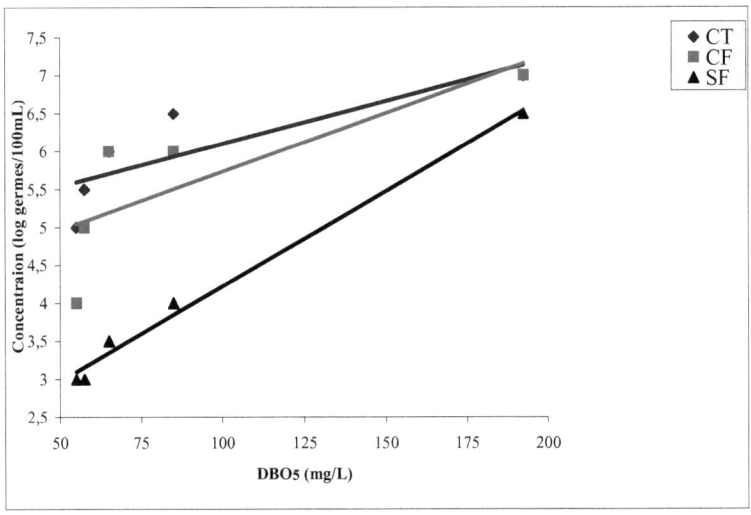

Figure III.28: Evolution des concentrations des germes en fonction de la DBO_5.

La figure VI.28 nous reflète les variations de la concentration des germes obtenus en fonction de la DBO_5 avec le sens de l'écoulement de l'effluent. L'objectif de cette étude est de mettre en évidence les corrélations existant entre les concentrations des germes pathogènes et la DBO_5. Les corrélations entre pollution bactériologique représentée par la concentration des germes et la pollution organique représentée par la demande biologique en oxygène (DBO_5), sont données ci-dessous :

$$\log CT = 0{,}0113 DBO + 4{,}9753 \qquad R^2 = 0{,}6812$$

$$\log CF = 0{,}0154 DBO + 4{,}1977 \qquad R^2 = 0{,}6135$$

$$\log SF = 0{,}025 DBO + 1{,}722 \qquad R^2 = 0{,}9903$$

A partir des courbes obtenues et des corrélations présentées une augmentation proportionnelle des teneurs en germes pathogène en fonction de la DBO_5 s'observe.

Nous remarquons que pour les trois types de germes analysés le coefficient de corrélation R^2 est supérieur à 50% ce qui confirme la proportionnalité entre la pollution biologique et la pollution organique, des résultats similaires ont été obtenus par Mercedes G. et al. (2008) **[39]**.

L'augmentation des teneurs des germes en fonction de la DBO_5 est due à l'importance de la matière organique, qui était plus élevée au niveau du premier bassin; et qui diminue au fur et à mesure qu'on se dirige vers la sortie de la lagune.

3. Conclusion

L'étude que nous avons réalisée consiste à l'évaluation de l'efficacité du lagunage naturel utilisé comme procédé de traitement des eaux usées à fin de réutiliser les effluents traités en irrigation.

Les paramètres étudiés sont divisés en 3 types pollutions, à savoir la pollution organique caractériser par la demande biologique en oxygène (DBO_5), la demande chimique en oxygène (DCO), les matières en suspension (MES), la pollution minérale caractériser par la variation des concentrations des nitrites, ammoniums et orthophsphates, et la pollution bactériologique qui consiste à un dénombrement et identification des germes indicateurs de pollution.

D'après les résultats obtenus, le pH alcalin des eaux de la lagune, nous renseigne sur l'activité photosynthétique des algues, qui en présence d'un bon ensoleillement consomme le CO_2 et libère l'oxygène dans la colonne d'eau. Ce pH atteint une valeur de 7,92, joue un rôle important dans la désinfection de l'eau épurée.

La réduction de la demande biologique en oxygène (DBO_5) diffère d'un bassin à un autre avec un rendement d'élimination global de 93% et une concentration des eaux traitées de 15 mg/L.

La demande chimique en oxygène (DCO) est éliminée globalement de 73% avec une concentration après traitement de 30 mg/L.

Concernant les matières en suspension, on peut remarquer une réduction des MES de 500 mg/l à 75 mg/l ce qui correspond à un rendement d'élimination de 85 %.

L'abattement des sels nutritifs est du à la prolifération des micro-algues qui utilisent ces sels pour la synthèse de leur protéine et qui avec une température et un pH élevé favorisent la volatilisation de l'ammoniac, les rendements d'élimination de la pollution minérale atteints des valeurs de 85% pour les orthophsphates, 20,5% pour l'ammoniac et 69,5% pour les nitrites.

Concernant la pollution biologique, une élimination de l'ordre de 75 % des CT, 95 % des CF, 97 % de *E coli* et 95% SF ont été enregistrée. Ce traitement semble être très efficace et cette performance est à son maximum lors de l'élévation de la température. Notons tout de même que si le lagunage naturel est efficace pour la réduction des germes de contamination fécale, il l'est beaucoup moins en ce qui concerne l'élimination des salmonelles et des vibrions. On a identifié les bactéries suivantes : *Salmonella typhi, Salmonella aryzonae, Vibrio fluvialis, Vibrio alginolyticus.*

Toutefois, ces résultats concordent avec ceux obtenus dans différents travaux qui ont permis de mettre en évidence la présence de Salmonelles, en nombre parfois élevé, dans les eaux usées traitées par lagunage **[40], [41], [42].**

Les eaux traitées de la station possèdent la qualité bactériologique requise pour l'irrigation, en revanche, on a enregistré un abattement de prés de 98% des spores de Clostridium sulfito-réducteurs.

4. Références bibliographiques

[1] A. Emparanza –Knörr & F. Torella. «Microbiological performance and Salmonella dynamics in wastewater depuration pond system of southeastern Spain.» J. Wat. Sci. Tech., 31, 12.pp. 239-248, 1995.

[2] F. EDELINE. « L'épuration biologique des eaux résiduaires : théorie et technologie.» Edition Lavoisier Tec et doc Paris, 1980.

[3] D. Gaujous. « La pollution des milieux aquatiques : aide-mémoire.» Edition Technique et Documentation, Lavoisier, 220p., 1995.

[4] J. Sevrin-Reyssac, J. De La Noue & D. Proulx. « Le recyclage du lisier de porc par lagunage.» Edition Technique et Documentation, Lavoisier, 118p., 1995.

[5] S. Barbagallo, G.L. Cielli, G. Giammanco, S. Indilecato, S. Pignato. Wastewater storage in reservoir. In: Deficit irrigation and use of non conventional water. Document pédagogique, programme Ntura, projet NECTAR, Universita Degli studi di frenze, dipartimonto di ingeneria agraria e foresteli, Itay, 1999.

[6] HW Pearson, DD. Mara, SW. Mills. Physicochemical parameters influence faccal bacteria survival in waste stabilisation pond. International conference on waste stabilization pond, national laboratory of civil engineering, Lisbon, 1987.

[7] J.A. Herrera Melián, J. Araña, O. González Díaz, M.E. Aguiar Bujalance & J.M. Rodríguez. « Effect of stone filters in a pond–wetland system treating raw wastewater from a university campus.» J. Desalination 237, pp. 277-284, 2009.

[8] B. Matias Vanotti, A. Ariel Szogi, G. Patrick Hunt, D. Patricia Millner & J. H. Frank. « Development of environmentally superior treatment system to replace anaerobic swine lagoons in the USA.» J. Bioresource Technology : 98 ; pp. 3184–3194, 2007.

[9] J. de Koninga, D. Bixiob, A. Karabelasc, M. Salgotd & A. Schäfere. « Characterisation and assessment of water treatment technologies for reuse. » J. Desalination : 218, pp. 92–104, 2008.

[10] M. José, D. Patrick, B. Suzelle & B. Colin. « Livestock waste treatment systems for environmental quality, food safety, and sustainability. » J. Bioresour. Technol., doi:10.1016/j.biortech.2009.02.038, 2009.

[11] G. Grosclaude. « L'eau : usage et polluants. » Edition INRA, France, 210 p., 1999.

[12] C. Bliefert & R. Perraud. « Chimie de l'environnement : Air, Eau, Sols, Déchets. » Edition de boeck, 477p., 2001.

[13] L. Esther, M. Víctor, D. Virginia, M. Josep & G. Joan. « Water quality improvement in a full-scale tertiary constructed wetland: Effects on conventional and specific organic contaminants. » J. SCIENCE OF THE TOTAL ENVIRONMENT : 407, pp. 2517–2524, 2009.

[14] S. Simonel, B. Brian & H. Eric. « Efficacy of a pilot-scale wastewater treatment plant upon a commercial aquaculture effluent I. Solids and carbonaceous compounds. » J. Aquacultural Engineering: 39 pp78–90, 2008.

[15] W. Qinxue, T. Candani, K. Alexandra & J. Bo. « Fate of pathogenic microorganisms and indicators in secondary activated sludge wastewater treatment plants. » J. Environmental Management : 90, pp. 1442–1447, 2009.

[16] P. Diederik, L. Rousseau, A. Peter, & V. Niels De Pauw. « Constructed wetlands in Flanders: a performance analysis. » J. Ecological Engineering :23, pp. 151–163, 2004.

[17] Y. Racault, C. Boutin & A. Segin. « Wastewater stabilisation ponds in France: a report an fifteen years experience. » J. Wat.Sci.Tech. :31, pp. 12-18, 1995.

[18] I. Akmehmet, E. Tarlan, C. Kıvılcımdan & M. Tü rker. « Merits of ozonation and catalytic ozonation pre-treatment in the algal treatment of pulp and paper mill effluents. » J. Environmental Management : 85 pp. 918–926, 2007.

[19] J. Bontoux. « Introduction à l'étude des eaux douces : eaux naturelles, eaux usées, eaux de boisson. » Edition Technique et Documentation Lavoisier, 166 p., 1993.

[20] S. Rigoni-Stern, L. Rismondo, F. Zilio-Grandi & P. Vigato. « Anaerobic Digestion of Nitrophilic Algal Biomass from the Venice Lagoon. » J. Biomass : 23 pp 179-199, 1990.

[21] K. Ampai, K. Proespichaya, A. Punne, M. Bo, T. Panote. « Microbial BOD sensor for monitoring treatment of wastewater from a rubber latex industry. » J. Enzyme and Microbial Technology : 42, pp. 483–491, 2008.

[22] Journal Officiel de la République Algérienne. « Les valeurs limites des paramètres de rejet dans un milieu récepteur. » Alger, 2006.

[23] L. Droste. « Theory and practice of water and wastewater treatment. » Hamilton Printing Company, USA, 800 p., 1997.

[24] A. Aminot & M. « Chaussepied. Manuel des analyses chimiques en milieu marin. » CNEXO, édition BNDO/ DUCUMENTATION, BREST, 369 p., 1983.

[25] J. Ower, C. F. Cresswell & G. C. Bate. « The effect of varying culture nitrogen and phosphorus levels on nutrient uptake and storage by the water hyacinth. » J. Hydrobiol :85 pp. 22-30, 1981.

[26] C. F. Musil, & C. M. Breem. « The application of growth kinetics to the control of Eichornia crassipes through nutrient removal by mechanical harvesting. » J. Hydrobiol.: 53 pp. 165-171, 1977.

[27] S. G. Nelson, B. D. Smith & B. R. Beest. « Kinetics of nitrate and ammonium uptake by the tropical fresh water macrophyte. » J. Aquaculture: 24, pp. 11-19, 1981.

[28] M. Lloyd, K. Sarah, J. John & R. Wayne. « Mechanisms of dinitrogen gas formation in anaerobic lagoons. » J. Advances in Environmental Research: 4, pp. 133-139, 2000.

[29] C. Kimberley, M. Chandra, C. Anna & K. Christopher. « Pollutant removal from municipal sewage lagoon effluents with a free-surface wetland. » J. Water Research: 37, pp. 2803–2812, 2003.

[30] W. C. Ku, F. A. Digiano & T. H. feng. « Factors affecting phosphate adsorbtion equilibria in lake sediments. » J. Water Research: 12, pp. 1069–1074, 1978.

[31] C. J. Richardson. « Mechanims controlling phosphorus retention capacity in freshwater wetlands. » J. Science : 228, pp. 1424-1427, 1985.

[32] C. J. Richardson & B. C. Craft. « Efficient phosphorus retention in wetlands: fact or fiction? Constructed wetlands for water quality improvement. » Moshiri, G. A. London, Lewis Publishers, pp. 271-291, 1993.

[33] J. Vymazal. « The use constructed wetlands with horizontal sub-surface flow for various types of wastewater. » J. Ecological engineering: 35, pp. 1–17, 2009.

[34] J. M. Dorioz, E. Pillebou & A. Ferhi. « Phosphorus dynamics in watersheds: role of trapping processes in sediments. » J. Water Research: 23, pp. 147-158, 1989.

[35] H.W. Pearson, D. D. Mara, L. R. Cawley, H. M. Arridge & S. A. Silva. « The performance of an innovative tropical experimental waste stabilization pond system operating at high organic loadings. » J. Wat. Sci. Technol: 33, pp. 63–73, 1996.

[36] C.M. Bourgois. « Microbiologie alimentaire, tome I, Aspect microbiologique de la sécurité et de la qualité alimentaire. » Paris, 1988.

[37] C. Haslay & H. Leclerc. « Microbiologie des eaux d'alimentation. » Tech. et Doc. Ed. Lavoisier, 1993.

[38] Centre d'expertise en analyse environnementale du Québec. « Dénombrement des Salmonelles; méthodes par tubes multiples. » Ministère de l'Environnement du Québec, 19 p. 2003c.

[39] G. Mercedes, S. Fe´lix, M. Juan & B. Eloy. « A comparison of bacterial removal efficiencies in constructed wetlands and algae-based systems. » J. Ecological engineering: 32, pp. 238–243, 2008.

[40] A. Emparanza-Knörr & F. Torella. « Microbiological performance and Salmonella dynamics in wastewater epuration pond system of southeastern Spain. » J. Wat. Sci. Tech: 31, pp. 239-248, 1995.

[41] J. Garcia, R. Mujeriego, A. Bourrouet, G. Penuelas & A. Freixes. « Wastewater treatment by pond systems: experiences in Catalonia, Spain. » J. Wat. Sci. Tech: 42, pp. 35-42, 2000.

[42] I. Boukef. « Qualité bactériologique de quelques effluents urbains traités et rejetés dans l'environnement. » Proceedings des actes du Séminaire International. Institut National des Sciences et Technologie de la Mer, Tunis, 2003.

Chapitre IV.

Modélisation

Introduction

Les paramètres couramment utilisés pour le dimensionnement des bassins d'épuration sont principalement : la charge organique, le temps de séjour et la charge hydraulique. Le temps de séjour est intimement corrélé à la charge hydraulique et correspond en général à la durée optimale de contact des polluants à dégrader avec les microorganismes responsables de l'épuration dans les bassins. Il peut être influencé négativement par un mauvais rendement hydraulique (perte importante de débit, pluviométrie excessive) ou par un profil hydrodynamique réduisant le temps de passage des polluants dans le bassin. Les performances des bassins sont souvent rapportées au temps de séjour théorique de dimensionnement qui, le plus souvent, diffère de l'estimation réelle.

La charge organique appliquée sur le bassin est le paramètre le plus utilisé pour le dimensionnement des bassins d'épuration. Cependant la variabilité des eaux usées en fonction des périodes affecte considérablement les concentrations en polluants.

La détermination des paramètres de dimensionnement se fait à partir d'équations mathématiques établies de façon empirique ou rationnelle. La méthode empirique se base le plus souvent sur des corrélations entre les charges appliquées et les charges éliminées, et la méthode rationnelle sur la cinétique de dégradation. La combinaison des deux approches permet de définir les charges maximales admissibles sur un bassin d'épuration et de prévoir les rendements épuratoires en fonction de temps de séjour optimal.

1. Typologies des effluents traités et équivalent-habitant

Les sites d'expérimentation sont généralement connectés au réseau d'égouts séparatif de collecte d'eau usée d'un établissement public. La qualité des rejets dans ces établissements n'est pas toujours représentative de la moyenne nationale. Le plus souvent, la consommation en eau y est 2 à

3 fois supérieure à la moyenne nationale [1], compte tenu des risques de gaspillage.

2. Performances épuratoires et modèles empirique de dimensionnement

Les paramètres analysés concernent les charges appliquées et éliminées, les débits, les temps de séjour et les rendements d'élimination de la DBO_5 et de la DCO et des coliformes fécaux. Nous allons également calculer les constantes cinétiques (k) à partir des modèles d'écoulement piston et de mélange complet.

3. Charges organiques admissibles

La charge organique admissible représente la limite au-dessus de laquelle les performances épuratoires d'un bassin de lagunage peuvent être altérées. Elle est généralement déterminée expérimentalement et dépend de la température. C'est un des principaux paramètres de dimensionnement. Les charges organiques testés dans notre étude sont très variables (entre 25.65 et 163.5 kg DBO_5/ha/j).

Plusieurs modèles empiriques de dimensionnement des bassins de lagunage existent dans la littérature. Le modèle le plus utilisé est celui de McGarry et Pescod (**McGarry et Pescod, 1970 [2]**) qui à été proposé initialement pour l'Asie et modifié ensuite par (**Mara, 1976 [3]**) pour une généralisation (voir équation 1). Ce modèle permet de fixer la charge organique maximale admissible sur un bassin en fonction de la température moyenne du mois le plus froid de l'année.

$$\lambda_{appl} = 20T-120 \qquad (Eq. 1)$$

Puis, le même auteur a proposé une équation plus appropriée (Eq 2) pour le dimensionnement des bassins facultatifs (Mara, 1987 [4]).

$$\lambda_{appl} = 350(1.107-0.002T)^{T-25} \quad \text{(Eq. 2)}$$

λ_{appl} : charge maximale applicable sur le bassin (kg DBO_5/ha/j) ;

T : température moyenne du mois le plus froid (°C).

Pour appliquer ce modèle dans une région donnée, il est donc nécessaire de connaître la température du mois le plus froid. Dans notre cas, cette donnée permettra de déterminer les charges organiques maximales admissibles dans la lagune de Beni Messous et de sélectionner les données représentatives pour l'analyse des performances épuratoires. Les paramètres climatiques sont représentés dans le tableau IV.1:

Tableau IV.1 : Données météorologiques de la région de Beni Messous

Mois	Jan	Fév	Mar	Avr	Mai	Juin	Jui	Août	Sept	Oct	Nov	Déc
Tmax (°C)	17,8	17,8	20,0	21,7	24,7	28,8	31,4	32,7	29,6	26,2	20,9	18,3
Tmin (°C)	6,0	5,3	7,0	8,6	12,6	16,4	19,2	20,4	17,6	14,1	9,7	7,2

Les températures annuelles minimales sont comprises entre 5,3 et 20,4°C et correspondent respectivement au mois de Février et Août. La température minimale moyenne mensuelle pour la zone d'étude est 12°C. En faisant abstraction des valeurs des mois de Février et Août, la température minimale moyenne sur les 10 autres mois de l'année est 11,8°C. Ces résultats montrent que la température minimale mensuelle est stable dans l'année. Sachant que la température des bassins est 2 à 4°C supérieure à la température minimale de l'air pendant le mois le plus froid, nous pensons qu'il serait judicieux de retenir une température comprise entre 10 et 20°C pour le dimensionnement des bassins de lagunage. Le Tableau IV.2

présente les résultats d'une simulation pour la détermination de la charge organique maximale admissible dans un bassin de lagunage à Beni Messous à l'aide des modèles de Mara.

Tableau IV.2 : Charges maximales admissibles sur un bassin de lagunage à Beni Messous en fonction de la température moyenne minimale.

Température (°C)	Charge maximale (kg DBO$_5$/ha/j)	
	(Eq. 1)	(Eq. 2)
10	80	100
11	100	112
12	120	124
13	140	137
14	160	152
15	180	167
20	280	253

Les résultats obtenus avec les deux modèles sont presque similaires. L'écart entre les deux modèles varie de 3 à 27 kgDBO$_5$/ha/j dans la gamme de température 10 à 20°C. Chacun des modèles peut donc être utilisé pour la détermination des charges organiques maximales. Les données enregistrées pour notre étude montrent que dans 70 % des cas, les charges appliquées sont comprises entre 50 et 125 kgDBO$_5$/ha/j. Pour le calcul des performances épuratoires, nous écarterons les données pour lesquelles les charges sont supérieures à 500 kgDBO$_5$/ha/j car elles correspondent beaucoup plus à des conditions de lagunage anaérobies.

4. Paramètres empiriques de dimensionnement

4.1. Influence de la charge organique

Les données rapportées dans la littérature prévoient des rendements d'élimination de la DBO_5 compris entre 70 et 90% pour des charges organiques à 500 kg DBO_5 /ha/j (McGarry and Pescod, 1970; Arceivala, 1981 [5]). Ces prévisions sont issues d'une analyse des performances épuratoires de 143 bassins opérant en régions tropicales et tempérées. Cette étude à défini un modèle empirique (McGarry and Pescod, 1970) dont l'expression mathématique de modèle s'écrit comme suit :

$$\lambda_{élm} = 0.725 \lambda_{appl} + 9.23 \qquad r^2 = 0.995 \qquad \text{(Eq. 3)}$$

λ_{appl} et $\lambda_{élm}$ représentent respectivement les charges appliquées et éliminées en kg DBO_5/ha/j.

Une relation similaire a été établie dans le Nord-Est du Brésil (Eq. 4) confirmant ainsi l'application du modèle pour cette région (Mara and Silva, 1979 [6])

$$\lambda_{élm} = 0.79 \lambda_{appl} + 2 \qquad \text{(Eq. 4)}$$

Les données issues des expérimentations de Beni Messous présentent une très bonne corrélation entre les charges appliquées (λ_{appl}) et les charges éliminées ($\lambda_{élm}$) (voir Figure IV.1). Le coefficient de corrélation et de 0,845. L'équation obtenue s'écrit :

$$\lambda_{élm} = 0,75 \lambda_{appl} - 1,26 \qquad r^2 = 0,845 \qquad \text{(Eq. 5)}$$

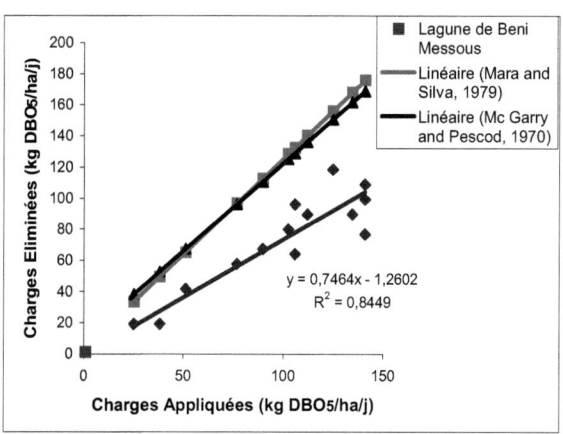

Figure IV.1: Relation entre la charge éliminée et la charge appliquée

Pour des charges organiques appliquées comprises entre 105 et 140 kgDBO$_5$/ha/j, l'écart moyen de rendement entre le modèle de McGarry et Pescod, Mara et Silva et celui établi avec les bassins de Beni Messous est de 30%. Ces données montrent que le modèle de McGarry et Pescod (Eq. 3) ainsi que celui de Mara et Silva surestiment les performances épuratoires des bassins de Beni Messous. Les raisons de cette différence de performances peuvent être dues à un développement excessif d'algues dans les bassins (Guéne and Touré, 1991 **[7]**) où à une mauvaise conception des bassins.

La prolifération des algues est un phénomène qui gêne souvent l'abattement de la DBO$_5$ dans les bassins de lagunage. Cette DBO$_5$ peut donc contribuer ainsi à créer une surcharge organique qui peut limiter la vitesse de dégradation. La prolifération des algues est liée aux conditions climatiques. Elle est aussi influencée par la présence de zooplanctons filtreurs tels que les rotifères et les cladocères.

On peut donc retenir que même si le modèle de McGarry et Pescod permet de déterminer les charges organiques maximales pour le dimensionnement des bassins de lagunages, il surestime cependant les performances épuratoires observées dans les expérimentations réalisées à Beni Messous. Pour mettre en évidence l'influence de la charge organique sur le rendement épuratoire, nous avons considéré, pour l'ensemble des bassins, les charges à l'entrée et à la sortie de la station globale.

Les résultats de cette modélisation, présentées sur les figures IV.2 et IV.3, montrent une très bonne corrélation entre les charges appliquées et éliminées, ainsi qu'entre les concentrations de DBO_5 et DCO à l'entrée et à la sortie. Ces corrélations permettent de supposer que la cinétique de dégradation de la DBO_5 et de la DCO est très peu influencée par les paramètres environnementaux du milieu, notamment l'oxygène dissous et le potentiel redox. L'élimination de la matière carbonée dans la lagune ne dépend pas des conditions aérobies ou anaérobies du milieu. Ces résultats confirment ceux observés en culture batch qui indique que l'abattement de la pollution carbonée est dominé par les mécanismes physiques de sédimentation et de filtration (Wolverton et McDonald, 1979 **[8]**; Kawai et al, 1987 **[9]**).

Les corrélations entre les charges appliquées et éliminées de DBO_5 et DCO établies par régression linéaire sont exprimées comme suit :

$$\lambda_{élm} = 0,90 \lambda_{appl} - 11,54 \quad\quad r^2 = 0,89,\text{ pour la } DBO_5 \quad\quad \text{(Eq. 6)}$$
$$\lambda_{élm} = 0,90\ \lambda_{appl} - 15 \quad\quad r^2 = 0,89,\text{ pour la DCO} \quad\quad \text{(Eq. 7)}$$

avec :

λ_{appl} et $\lambda_{élm}$ représentent respectivement les charges appliquées et éliminées kg DBO_5/ha/j ou DCO/ha/j).

Les relations entre l'effluent et l'influent au niveau des charges en DBO_5 et en DCO établies par régression linéaire sont exprimées comme suit :

$$Ce = 0{,}9Ci - 18 \qquad r^2 = 0{,}89, \text{ pour la } DBO_5 \qquad (Eq.\ 8)$$

$$Ce = 0{,}90Ci - 23{,}53 \qquad r^2 = 0{,}89, \text{ pour la } DCO \qquad (Eq.\ 9)$$

avec :

Ce et Ci concentration de l'effluent et de l'influent en mg/L

On peut également déduire de ces équations la concentration maximale de l'influent pour obtenir un effluent à une concentration donnée.

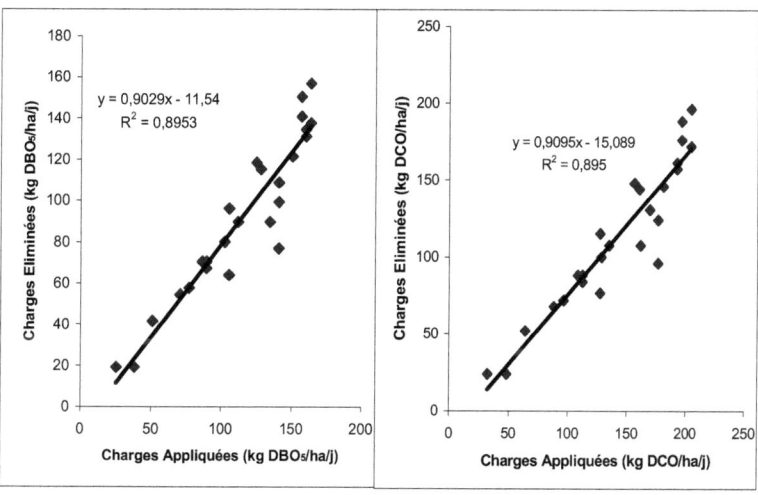

Figure IV.2: Corrélation entre charges appliquées et charges éliminées en DBO_5 et DCO.

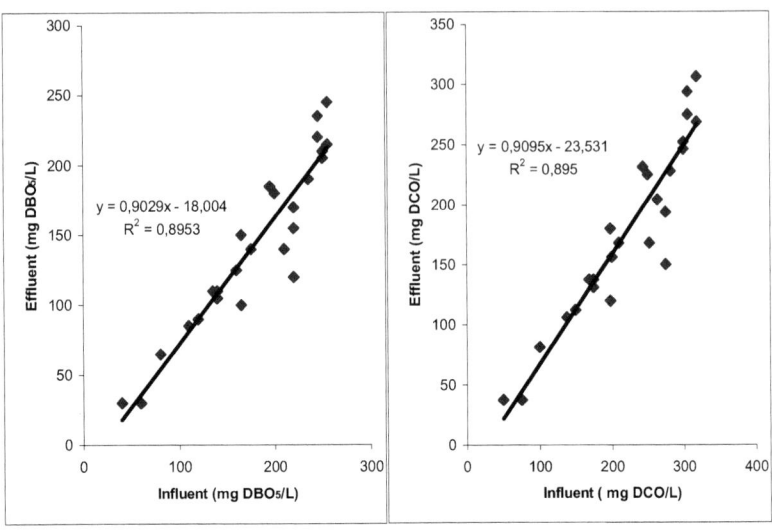

Figure IV.3: Corrélations entre concentrations en DBO$_5$ et DCO à l'entrée (Effluent) et à la sortie (Influent) de la lagune.

En plus des relations empiriques, la cinétique réactionnelle permet également de prévoir les performances des bassins d'épuration. Les paragraphes suivants discutent de la détermination de la constante cinétique de dégradation de la DBO$_5$ et de la DCO et du temps de séjour hydraulique optimal dans la lagune.

5. Modèles cinétiques de dimensionnement

La modélisation des processus épuratoires dans les bassins de lagunage reste un sujet toujours d'actualité. En effet la plus part des modèles identifiés dans un contexte donné ne peuvent pas prendre en compte de façon exhaustive l'ensemble des paramètres physico-chimiques, écologiques, biologiques et microbiologiques qui influencent les réactions mise en jeu. C'est pourquoi l'étude expérimentale de lagunage s'impose comme la meilleure approche pour comprendre le fonctionnement du procédé dans le contexte climatique et sociotechnique du projet. Plusieurs modèles de dimensionnement de bassins de lagunage sont proposés dans la littérature pour différentes régions du monde (Marais, 1966 **[10]**; McGarry and Pescode, 1970; Mara, 1976; Arceivala, 1981; Polprasert et al. 1983 **[11]**; Mara, 1987, 1997 **[12]**; Mara and Pearson, 1998 **[13]**).

Constante cinétique

On estime que la dégradation de la pollution dans les lagunes suit une cinétique de premier ordre. Les modèles cinétiques traduisant les performances épuratoires se basent en principe sur le type d'écoulement dans les bassins avant d'identifier l'équation adéquate à appliquer. Pour un bassin donné, les valeurs des constantes cinétiques sont comprises entre celles calculées pour un modèle d'écoulement piston et celle du modèle de la cuve parfaitement mélangée (ou mélange homogène ou mélange complet) qui sont les deux situations idéales dans la modélisation des réacteurs chimiques (Levenspiel, 1999 **[14]**). L'écoulement réel est désigné par un indice de dispersion qui mesure l'écart aux conditions idéales. Ces modèles sont exprimés par les équations ci-dessous (Eq. 10) et (Eq. 11).

$$\frac{Ci}{Ce} = \exp(-k_r.t) \qquad \text{Modèle pour écoulement piston} \quad (Eq.\ 10)$$

$$\frac{Ci}{Ce} = \frac{1}{1+k_r.t} \qquad \text{Modèle du mélange homogène} \quad (Eq.\ 11)$$

La constante cinétique (k_r) est calculée pour les charges organiques inférieures ou égales à 200 kg DBO_5/ha/j. Les moyennes obtenues avec les modèles piston et mélange homogène pour des temps de séjour supérieurs de 10 jours sont respectivement 0,15 et 0.07 j^{-1}. Ces valeurs augmentent respectivement de 0.17 et 0.08 j^{-1} à 0.28 et 0.13 j^{-1} lorsque le temps de séjour atteint des valeurs maximales de 10 et 6 jours. Ces données indiquent que la constante cinétique d'élimination de la DBO_5 diminue avec le temps. Des résultats similaires sont également rapportés sur une étude au Brésil où les auteurs (Mara et Silva, 1979) montrent que pour des charges organiques de 200 – 400 kg DBO$_5$/ha/j, la constante cinétique diminue de 0.36 à 0.29 j^{-1} lorsque le temps de séjour augmente de 9 à 18 jours.

Sur la base de ces résultats, on peut dire que le temps de séjour pour une dégradation optimale de la DBO$_5$ dans les conditions climatiques de Beni Messous ne devrait pas dépasser deux semaines.

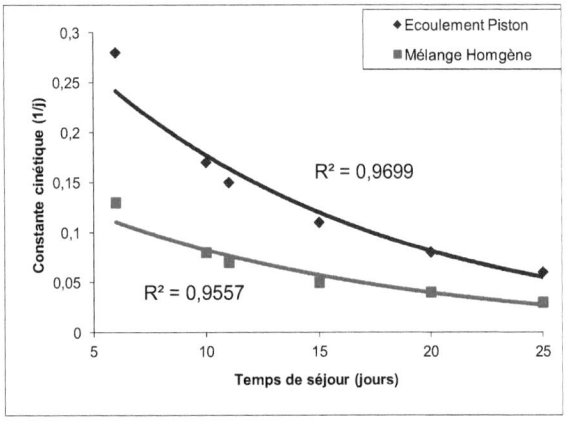

Figure IV.4 : Evolution de la constante cinétique d'élimination de la DBO$_5$ dans la lagune de Beni Messous en fonction de temps de séjour.

L'évolution des constantes cinétiques en fonction du temps (Figure IV.4) présente une décroissance exponentielle, les coefficients des corrélations (r^2 = 0.96 – 0.95) sont exprimés ci-dessous pour (Eq. 12) et (Eq. 13). La diminution des constantes cinétiques avec le temps traduit une détérioration de la qualité des effluents avec l'augmentation du temps de séjour. Cette baisse pourrait s'expliquait par l'accumulation d'algues dans les bassins de lagunage qui peuvent présenter jusqu'à 70 et 80% de la DBO$_5$ de l'effluent (Mara, 1997).

$k_\tau = 0{,}38 e^{-0,07.t}$, $r^2 = 0{,}96$ pour un écoulement piston   (Eq. 12)

$k_\tau = 0{,}17e^{-0{,}07.t}$, $r^2 = 0.95$ pour la cuve parfaitement agitée (Eq. 13)

t : temps de séjour

D'après ces équations, la valeur maximale de la constante cinétique de dégradation de la DBO_5 pour un temps de séjour de 5 jours, est comprise dans l'intervalle de 0.26 j^{-1} (piston) et 0.12 j^{-1} (mélange homogène). Cet intervalle se réduit respectivement à 0.23 – 0.10 j^{-1} lorsque le temps de séjour est de 7 jours.

A partir de ces constantes obtenues pour un modèle piston et mélange homogène pour des temps de séjour de 5 et 7 jours, une comparaison de l'élimination de la DBO_5 est effectuée (Tableau IV.3). Quelque soit le temps de séjour considéré, les prévisions des modèles sont identiques et les écarts sont inférieur à 22 mg DBO_5 / L avec des concentrations initiales de 50 à 300 mg DBO_5 / L.

Tableau IV.3 : comparaison des modèles piston et mélange homogène pour l'élimination de la DBO_5 .

Temps de séjour	5 jours		7 jours	
	Ecoulement piston	Mélange Homogène	Ecoulement piston	Mélange homogène
	$k_\tau = 0.26\ j^{-1}$	$k_\tau = 0.12\ j^{-1}$	$k_\tau = 0.23\ j^{-1}$	$k_\tau = 0.10\ j^{-1}$
Ci (mg/L)	Ce(mg/L)		Ce(mg/L)	
50	14	31	10	29
100	27	62,5	20	53
150	41	93	30	88
200	54,5	125	40	118
250	68	156	50	147
300	82	187,5	60	176

Ci et Ce : concentration influent et effluent en DBO_5.

5.1. Constantes cinétiques de la dégradation de la DBO$_5$ et de la DCO

Le modèle couramment utilisé pour exprimer l'évolution de la pollution carbonée dans les systèmes d'épuration par lagunage est basé sur une approximation du modèle d'écoulement piston (Eq. 14) et est proposé par plusieurs auteurs dans l'International Water Association (IWA) (Kumar and Garde, 1989 **[15]** ; Kadlec and Knight, 1996 **[16]** ; IWA, 2000 **[17]**). Ce modèle suppose que le phytoplancton est aussi à l'origine d'une pollution résiduelle, principalement constituée d'algues de bactéries mortes …etc. La limite d'épuration de ces systèmes ne peut donc atteindre des valeurs inférieures à cette pollution résiduelle. En tenant compte de cet apport intrinsèque de polluants, on exprime la cinétique de dégradation comme suit (Eq. 14) :

$$\frac{dC}{dt} = k_T(C-C_r) \qquad \text{(Eq. 14)}$$

où

$$k_T = k_{20°C}\,\theta^{(T°C-20)} \qquad \text{(Eq. 15)}$$

et C: concentration en polluant à l'instant t (mg/L) ;

C_r : concentration résiduelle de polluant (mg/L) ;

K_T et $k_{20°C}$: constante cinétique de réaction à la température T et à la température de référence 20°C ;

θ : coefficient de la température

La résolution de l'équation (Eq. 14) se présente sous la forme suivante :

$$C - C_r = (C_i - C_r)e^{k_T \cdot t} \qquad \text{(Eq. 16)}$$

Avec C_i concentration initiale en mg/L.

La prise en compte de C_r dans la cinétique d'élimination de la pollution carbonée permet d'approcher la valeur réelle de la constante cinétique avec moins d'erreur.

Les études hydrodynamiques ont montrées que l'écoulement dans les bassins de lagunage est généralement de type piston dispersif avec un indice de dispersion d = 0.22 **[18]**. Cette caractéristique permet d'utiliser les équations (Eq. 17) et (Eq. 18) pour calculer la constante cinétique réelle d'élimination de la DBO$_5$ et de la DCO.

$$\frac{C}{Ci} = \frac{4ae^{\frac{Pe}{2}}}{(1+a)^2 e^{\frac{aPe}{2}} - (1-a)^2 e^{\frac{aPe}{2}}} \qquad \text{(Eq. 17)}$$

$$a = \sqrt{1 + 4 \times k_d \times t \times d} \qquad \text{(Eq. 18)}$$

$$Pe = \frac{UL}{D} \qquad \text{(Eq. 19)}$$

Avec d: indice de dispersion.

Pe : nombre de Peclet (adimensionnelle) ;

U : vitesse moyenne du fluide ;

L : longueur de réacteur ;

D : coefficient de dispersion axial.

La pollution résiduelle C_r due à la présence du phytoplancton a été déterminé expérimentalement après filtration des échantillons prélevés de la lagune de Beni Messous, les valeurs de C_r sont respectivement 33,5 mg DBO$_5$/L et 33 mg DCO/L. ces valeurs sont utilisées pour le calcul de la constante cinétique (k_T) du modèle IWA (Eq. 16).

Les valeurs de constantes cinétiques calculées à partir des équations (Eq. 16) et (Eq. 17) sont similaires (Tableau IV.4). Les données correspondantes à la DCO sont présentées dans le Tableau IV.5. Avec l'équation (Eq. 17), on a pour la DBO$_5$ une valeur moyenne de k_d = 0.23 ±0.09 j^{-1}. Avec l'équation (Eq. 16), la valeur moyenne de k_T est de 0.26 ±0.09 j^{-1}.

Les moyennes globales des constantes cinétiques ont été calculées à partir des données avec 4 bassins en série (cas de la station de Beni Messous), pour un temps de séjour de 12 jours. Les constantes cinétiques déterminées par le modèle de l'IWA (k_T) sont identiques à celles calculées avec l'équation du modèle piston dispersif (k_d).

L'utilisation de l'abaque de Wehner-Wilhem [19], pour une constante cinétique de premier ordre de 0.23 j^{-1} montre que le rendement d'épuration de la DBO_5 pour un temps de séjours de 12 jours et un nombre de Peclet de 4,54 est de 85 %. Ces prévisions coïncident bien avec les résultats observés expérimentalement, confirmant ainsi la justesse de la démarche utilisée pour la détermination de la constante cinétique de premier ordre de dégradation de la DBO_5 dans les lagunes naturelles d'épuration.

Tableau IV.4 : constante cinétique d'élimination de la DBO_5 à partir du modèle piston dispersif (k_d) et du modèle IWA de pollution résiduelle (k_T), avec C_r = 33,5 mg DBO_5/L

C_i (mg/L)	C_e (mg/L)	t (j)	A	k_d (j^{-1})	k_T (j^{-1})
140	35	11	1,6099	0,26	0,36
220	65	11	1,5364	0,14	0,16
160	35	11	1,6687	0,38	0,37
175	35	11	1,7081	0,18	0,38
270	70	11	1,5939	0,12	0,14
220	50	11	1,6519	0,17	0,21
165	65	11	1,4098	0,10	0,12
250	45	11	1,7545	0,25	0,26
250	40	11	1,8063	0,33	0,31
235	45	11	1,7272	0,24	0,25
255	40	11	1,8150	0,37	0,31
Moyenne				0.23	0,26
Ecart type				0.09	0,09

Tableau IV.5 : constante cinétique d'élimination de la DCO à partir du modèle piston dispersif (k_d) et du modèle IWA de pollution résiduelle (k_T), avec $C_r = 33$ mg DCO/L

C_i (mg/L)	C_e (mg/L)	t (j)	a	k_d (j^{-1})	k_T (j^{-1})
175	43,75	11	1,6175	0,30	0,29
75	37,5	11	1,3109	0,13	0,20
150	37,5	11	1,6158	0,30	0,29
275	81,25	11	1,5378	0,25	0,24
75	37,5	11	1,3109	0,13	0,20
200	43,75	11	1,6763	0,34	0,22
252	84	11	1,4833	0,22	0,19
264	60	11	1,6519	0,20	0,10
198	78	11	1,4098	0,18	0,23
282	54	11	1,7272	0,30	0,31
175	37,5	11	1,6837	0,24	0,25
Moyenne				0,23	0,22
Ecart type				0,06	0,05

6. Modélisation de l'abattement des bactéries

Les bactéries rencontrées en lagunes peuvent être classées en deux catégories :

- les **bactéries autochtones**, dont le métabolisme est adapté aux conditions physico-chimiques des cours d'eau et qui peuvent s'y reproduire sans difficultés.

- les **bactéries allochtones**, dont le milieu de développement habituel est l'homme ou l'animal et qui sont rejetées dans les lagunes via les eaux usées, pluviales ou de ruissellement. Ces bactéries ne font en général que survivre dans ce milieu hostile.

6.1. Les Bactéries Indicatrices de Contamination Fécale (BICF)

L'étude de la qualité bactériologique d'une lagune naturelle est fondée sur la surveillance de germes microbiens spécifiques, des bactéries allochtones généralement non pathogènes, spécifiques de la flore intestinale. Leur présence dans l'eau va indiquer une contamination d'origine fécale et donc la possible présence de germes pathogènes dangereux (exemple : les salmonelles) responsable de risque épidémiologique potentiel (Servais et Billen, 1990 **[20]**). Ces Bactéries sont dites Indicatrices de Contamination Fécale (BICF). Les *Escherichia coli* et streptocoques fécaux, recherchés dans le cadre de la réglementation, en font partie.

6.2. La décroissance bactérienne

Au fil de la lagune la concentration en BICF diminue, sous l'effet du rayonnement solaire et l'effet conjugué de la dilution et de la «mortalité». Le terme de «mortalité» doit être précisé car entre les formes vivantes, capables de se multiplier, et les bactéries mortes, totalement dépourvues d'activités métaboliques (bactéries lysées), il existe une variété infinie d'états (Hasley et Leclerc, 1993 **[21]**), en particulier l'état « viable mais non cultivable » (Servais et Billen, 1990 **[20]**). En France, les méthodes d'analyses sanitaires des eaux de baignade, sont basées sur le comptage des bactéries viables et cultivables. Ainsi, le terme de «décroissance» est mieux adapté que celui de «mortalité»; il désigne la diminution du nombre de bactéries décelables par la méthode de comptage considérée (Evrard, 1995 **[22]**).

6.3. Facteurs principaux influençant la décroissance des BICF

Les différents facteurs qui influencent la décroissance des BICF, et plus particulièrement les *Escherichia coli* (l'une des bactéries les plus étudiées) appartiennent à deux catégories.

A/ Facteurs physico-chimiques

- *Température de l'eau.*

La décroissance des bactéries augmente avec la température de l'eau de la lagune. Ainsi, en période estivale, celle-ci est un des facteurs majeurs de l'épuration microbienne (Mancini, 1978 **[23]**; Flint, 1987 **[24]**).

- *Eclairement.*

Les radiations solaires de courtes longueurs d'onde ont un effet bactéricide reconnu, quoique plus important en milieu marin, lorsqu'il est couplé à la salinité de l'eau (Chamberlin et Mitchell, 1978 **[25]**) qu'en lagunes d'épuration (Fujioka *et al.* (1981) **[26]**).

- *Sédimentation.*

La sédimentation joue un rôle singulier dans la décroissance des BICF car elle cause une disparition apparente des bactéries. Celles-ci changent de compartiment physique, elles quittent la partie supérieure de la masse d'eau, où sont effectuées les mesures de qualité bactériologique, pour se déposer sur le fond. Cette disparition peut être provisoire, car sous l'effet d'une augmentation de débits, il peut y avoir remise en suspension des sédiments et des bactéries (Wilkinson *et al*, 1995 **[27]**).

B/ Facteurs biologiques

- *Concentration des bactéries autochtones (compétition).*

La présence de microorganismes autochtones, plus aptes à se multiplier dans les conditions environnementales des lagunes naturelles, selon leur concentration et leur nature, implique la décroissance des bactéries allochtones (Flint, 1987 **[24]**).

- *Concentration des bactériophages.*

Certaines bactéries ont une activité bactériophage à l'encontre des bactéries indicatrices : elles libèrent des antibiotiques qui infectent les cellules et en provoquent la lyse (Hasley et Leclerc, 1993 **[21]**).

- *Concentration des protozoaires (prédation).*

Des avancées scientifiques ont démontré que, en lagune, l'ingestion des bactéries allochtones par les protozoaires (prédateurs bactériens) constituait leur principale cause de mortalité (Servais *et al.* (1985) **[28]**; Menon, (1993) **[29]**).

La bibliographie souligne la diversité des phénomènes régissant la décroissance des BICF. Cette diversité, ajoutée à la difficulté de quantifier correctement ces différents phénomènes, explique en partie **la rareté des modèles bactériologiques** développés à ce jour.

6.4. Modèle de qualité bactériologique

6.4.1. Loi cinétique

La décroissance des concentrations de bactéries indicatrices de contamination fécale est modélisée par une équation cinétique d'ordre 1 (Canale *et al*, 1973 **[30]**; Chamberlin et Mitchell, 1978 **[25]**) :

$$\frac{dC}{dt} = -kC \qquad \text{(Eq. 20)}$$

Avec :

C : la concentration des bactéries [bactéries/mL]

k : le coefficient de décroissance [heure^{-1}].

Ainsi l'équation 20 : $\quad \frac{dC}{dt} = -kC \;\Rightarrow\; C(t) = C_0 \exp(-kt) \qquad$ (Eq. 21)

permet de calculer, à partir d'une concentration initiale en BICF C_0, la concentration résiduelle en un instant t C(t), sous réserve de connaître le coefficient de décroissance k.

6.4.2. Coefficient de décroissance k

Ce coefficient, qui traduit la capacité d'auto-épuration bactérienne des eaux de surface, est très dépendant des facteurs énumérés plus haut. De plus, la plupart des études ont été menées en milieu marin ; et les rares études réalisées en lagunes d'épuration.

- **Modélisation de k**

Le modèle présenté ci-dessous a été proposé à l'issue d'une étude menée par (Beaudeau *et al* (1998) **[31]**). Son objectif était de qualifier et de quantifier les facteurs environnementaux (biotiques et abiotiques) responsables du phénomène d'auto-épuration bactérienne sur des cours d'eau à faible débit à l'étiage.

- L'étude est basée sur la mesure *in situ* de la disparition des *Escherichia coli*.

- Les résultats mettraient en évidence le rôle des prédateurs bactériens benthiques (contrairement aux rivières à débits plus forts où les prédateurs sont des prédateurs pélagiques de pleines eaux (Menon, 1993 **[29]**)).

A l'issue de l'étude, un modèle exprimant le coefficient de décroissance k est proposé en fonction des paramètres «débit» et «température», supposés constants sur les tronçons de la lagune d'épuration. Ce modèle a fait l'objet d'une validation statistique poussée (Beaudeau *et al.* **(1998) [31]**) :

$$k = a + b \left[Q^{-0.5} \times \exp\left(-\frac{(25-T)^2}{20^2}\right) \right] \qquad \text{(Eq. 22)}$$

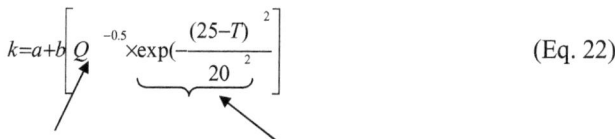

Ce terme traduit la probabilité de rencontre entre la proie et son prédateur. L'exposant –0.5 a été ajusté empiriquement (Beaudeau *et al*, 1999 **[32]**).

Ce terme traduit l'activation biologique des prédateurs benthiques en fonction de l'augmentation de la température.

Avec Q : débit [m^3/s] où Q < 20m^3/s

T : température de l'eau [°C]

a = 0,046
b = 10,81 } Ces deux facteurs sont des ajustements empiriques **[33]**.

Conclusion : Dans le cadre de la détermination d'un coefficient k applicable aux lagunes de Beni Messous, ce modèle présente des avantages certains :
- des lagunes à faibles débits < 20 m^3/s,
- le choix du germe témoin de contamination fécale : *Escherichia coli*,

Ces constatations ont amené à retenir, pour le coefficient de décroissance k, l'équation 22 proposée par (Beaudeau *et al* (1998) **[31]**).
Ce modèle peut se formaliser par le système d'équations issues de la bibliographie :

$$\begin{cases} C(t) = C_0 \exp(-kt) & \text{(Eq. 21)} \\ k = a + b \left[Q^{-0.5} \times \exp\left(-\frac{(25-T)^2}{20}\right) \right] & \text{(Eq. 22)} \end{cases}$$

Avec comme inconnues :

C_0 : la concentration initiale en *E. coli*,

t : le temps de transit (temps de séjour) de la masse d'eau entre 2 points considérés avec : t = distance/vitesse,

Q : le débit,

T : la température de l'eau.

Les conditions nécessaires sont les suivantes :

* le débit Q doit être impérativement inférieur à 20 m^3/s ;

* sur le tronçon de la lagune de Beni Messous considéré Q, T et la vitesse de la masse d'eau v sont supposés constants.

Sur l'entrée et la sortie de la lagune, le modèle s'applique de la façon suivante :

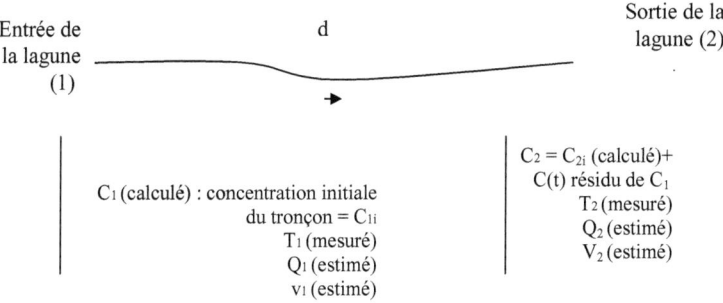

Sur la distance d séparant l'entrée et la sortie de la lagune, on considère :
$$\begin{cases} T = (T_1 + T_2)/2 = Cte \\ Q = (Q_1 + Q_2)/2 = Cte \\ v = (v_1 + v_2)/2 = Cte \\ t = d/v \end{cases}$$

6.5. Calcul de la concentration initiale aux points de rejets : C_0

La concentration en *Escherichia coli* aux points de rejet des communes est fonction du nombre d'habitants.

La charge moyenne en *E. coli* par habitant et par jour est de **15.10^{10} *E. coli*.** (Hasley et Leclerc, 1993 **[21]**), le flux maximal attendu en *E. coli* est alors :

$N_{0m} = 15.10^{10}$ * [Population] (Ce flux s'exprime en *E.C*/jour) (Eq.23)

Le flux maximal N_{0m} doit être affiné en tenant compte de type d'assainissement possible.

Pour les communes possédant une station d'épuration :

- Il faut tenir compte du taux de collecte de la population à la STEP (t_c), ce taux a été fixé arbitrairement à 50% **[33]** (collecte reconnue médiocre pour les STEP de capacité plus petite).
- Il faut aussi tenir compte de l'abattement en sortie de STEP, dû aux différents types de traitements subis par les effluents (Newman, (1985) **[34]**):
    - ➢ traitement primaire implique un abattement d'un 5log (facteur10),
    - ➢ traitement secondaire implique un abattement de 2log (facteur 100),
    - ➢ traitement tertiaire implique un abattement de 3log (facteur1000),
    - ➢ lagunage implique un abattement d'un log par bassin.

Formulation mathématique du flux au rejet :

$$N_{or} = (N_{om} \times t_c) - abattement \qquad (Eq.\ 24)$$

Le passage du flux à la concentration en *E. coli* se fait en tenant compte de la dilution au point de rejet :

$$C_{0r} = \frac{N_{0r}}{Q}\ (E.C./mL) \qquad (Eq.\ 25)$$

6.5.1. Présentation du modèle
- **Calcul du coefficient k**

Le Tableau IV.6 présente un extrait des résultats finaux obtenus par la modélisation pour le calcul du coefficient de décroissance en utilisant l'équation 22.

Avec : $Q = 8336\ m^3/j$.

Tableau IV.6 : Variation du k en fonction de la température

Température (°C)	K (h^{-1})	K (s^{-1})
15	1,301	0,0041
16	1,342	0,004
17	1,381	0,004
18	1,416	0,005
19	1,447	0,005
20	1,475	0,005
22	1,516	0,0061
22	1,516	0,0061
23	1,530	0,006
25	1,541	0,0069
25	1,541	0,0069
26	1,538	0,007
26	1,538	0,0072
27	1,530	0,0075
28	1,516	0,0077
29	1,498	0,008
30	1,475	0,0083
31	1,447	0,0086
33	1,381	0,009

Le Tableau IV.7 présente un extrait des résultats finaux obtenus par la modélisation.

Le Tableau IV.7 : Calcul des concentrations en *E. coli* aux rejets

Température (°C)	C_{0r} (EC/100mL)	Coefficient k	Concentration Résiduelle c(t) (EC/100mL)
15	$1,678.10^8$	0,0041	55855767,8
16	$1,678.10^8$	0,004	51906263,2
17	$1,678.10^8$	0,004	48236024
18	$1,678.10^8$	0,005	44825303,7
19	$1,678.10^8$	0,005	41655751,9
20	$1,678.10^8$	0,005	38710316
22	$1,678.10^8$	0,0061	33429524
22	$1,678.10^8$	0,0061	33429524
23	$1,678.10^8$	0,006	31065756,3
25	$1,678.10^8$	0,0069	26827821,4
25	$1,678.10^8$	0,0069	26827821,4
26	$1,678.10^8$	0,007	24930853,4
26	$1,678.10^8$	0,0072	24930853,4
27	$1,678.10^8$	0,0075	23168018
28	$1,678.10^8$	0,0077	21529831
29	$1,678.10^8$	0,008	20007478,5
30	$1,678.10^8$	0,0083	18592770
31	$1,678.10^8$	0,0086	17278094,1
33	$1,678.10^8$	0,009	14921047,4

Le modèle permet de prédire la concentration en *E. coli* en chacun des points de rejets considérés de la lagune, et de comparer les résultats fournis par ce dernier à ceux déterminé par voie expérimentale.

6.6. Simulation de la qualité bactériologique du la lagune

Le modèle est ici utilisé de manière différente : partant d'une concentration initiale C_0, on ne cherche plus la concentration en *E. coli* à un point déterminé à l'aval, mais **la distance d'auto-épuration bactérienne** nécessaire pour que la concentration initiale retrouve une valeur conforme aux normes, soit 2000 *E.Coli*/100ml **[33]**.

Formulation mathématique sur chaque tronçon compris entre deux points de rejets :

$$\begin{cases} C(t) = C_0 \exp(-k\frac{d}{v}) & \text{(Eq.26)} \\ C(t) = 2000 \text{ EC}/100 \text{ mL} \Longrightarrow \quad d = \frac{v}{k} \ln \frac{C_0}{2000} & \text{(Eq. 27)} \end{cases}$$

C_0, k et v connus

d' étant la distance séparant deux points de rejets, alors :
- Si $d < d'$: l'auto-épuration est satisfaisante et une partie de la lagune est conforme aux normes.
- Si $d > d'$: l'auto-épuration est insuffisante avant de recevoir un nouvel apport en *E.coli*.

6.6.1. Présentation du modèle

La **simulation de la qualité bactériologique** du la lagune de Beni Messous est présentée dans le Tableau IV.8.

Tableau IV. 8 : Simulation de la qualité bactériologique

Température (°C)	Concentration initiale (C_0)	Coef k (s^{-1})	Distance d (m)	Distance d' (m)
15	$1,678.10^8$	0,0041	174,0288	219
16	$1,678.10^8$	0,004	163,152	219
17	$1,678.10^8$	0,004	153,554824	219
18	$1,678.10^8$	0,005	145,024	219
19	$1,678.10^8$	0,005	137,391158	219
20	$1,678.10^8$	0,005	130,5216	219
22	$1,678.10^8$	0,0061	118,656	219
22	$1,678.10^8$	0,0061	118,656	219
23	$1,678.10^8$	0,006	113,497043	219
25	$1,678.10^8$	0,0069	104,41728	219
25	$1,678.10^8$	0,0069	104,41728	219
26	$1,678.10^8$	0,007	100,401231	219
26	$1,678.10^8$	0,0072	100,401231	219
27	$1,678.10^8$	0,0075	96,6826667	219
28	$1,678.10^8$	0,0077	93,2297143	219
29	$1,678.10^8$	0,008	90,0148966	219
30	$1,678.10^8$	0,0083	87,0144	219
31	$1,678.10^8$	0,0086	84,2074839	219
33	$1,678.10^8$	0,009	79,104	219

Nous remarquons d'après le tableau précédent que les valeurs de d (distance nécessaire pour atteindre une concentration limite de *E. Coli* égale ou inférieure à 2000 *E. Coli.* /100 mL), calculés a partir du modèle, sont inférieures à d' longueur de la lagune de Beni Messous qui vaut 219m. Par conséquent on peut conclure que l'épuration est satisfaisante.

7. Conclusion

Charge maximale admissible :

Le fonctionnement de la station avec de fortes charges organique (867 kg DBO_5/ha/j, 1200 kg DCO/ha/j, 544 kg MES/ha/j) a montré une remontée constante de boues à la surface du bassin de tête. La présence de boues provoque une augmentation de la demande en oxygène, qui à terme asphyxie les algues. On peut donc supposer que la limitation des échanges gazeux due à l'accumulation de boues est une des causes de l'absence des algues dans le bassin de tête.

La remonter des boues constatées dans ces bassins peut s'expliquer par l'importance des réactions anaérobies. Le bassin fonctionne comme un digesteur non brassé. Le biogaz formé adhère aux particules en suspension et les fait remonter en surface (Charbonnel, 1989 **[35]**).

Selon nos résultats, la charge organique maximale, au-delà de laquelle l'inhibition la croissance des algues pourrait survenir est de 280 kg DBO_5/ha/j, lorsque l'effluent présente un caractère réducteur.

Paramètres de dimensionnement

Les résultats de l'étude confirment la très bonne performance de la lagune de Beni Messous dans l'abattement de la pollution carbonée. Les rendements d'élimination de la DBO_5 varient entre 80 et 90%. Les excellentes corrélations entre charges appliquées et charges éliminées mettent également en évidence la robustesse du procédé est permettent de faire quelques réflexions sur les limites de temps de séjour et de charges organiques à appliquer ainsi que les dimensions des bassins dans une filière d'épuration.

Profondeurs des bassins

La plupart des stations de lagunage naturel sont construites selon le modèle de Charbonnel (Charbonnel and Simo, 1988 **[36]**; Charbonnel, 1989 **[35]**).

Ces stations sont généralement composées de plusieurs bassins en série, dont les dimensions individuelles et les charges admissibles ne sont pas clairement définies. La profondeur des bassins est fixée à 70 cm pour favoriser une meilleure diffusion de l'oxygène. Nos résultats montrent que la cinétique de dégradation de la pollution carbonée n'est pas influencée par la disponibilité de l'oxygène dissous. Elle est dominée par les mécanismes physiques de filtration des MES dans le phytoplancton et par leur sédimentation (Kim and Kim, 2000 [37] ; Kim et al, 2001 [38]). Dans ces conditions, la limitation de la profondeur des bassins à 70 cm, ne semble pas être justifiée. Si l'expérience le vérifie, une profondeur plus grande (1 à 1.5 m) devrait permettre d'optimiser les performances des bassins et de réduire les surfaces requises pour l'implantation du lagunage.

L'optimisation de procédé pour l'abattement de la pollution carbonée recommande donc, après avoir fixé le temps de séjour, de calculer le nombre de bassins et leurs agencements en fonction de la qualité de l'effluent désiré. Pour cela, la constante cinétique de dégradation de la DBO_5 , $k_T = 0,26\ j^{-1}$ ($k_T = 0,22\ j^{-1}$ pour la DCO) déterminée dans cette étude, permet d'estimer les rendements épuratoire à partir du modèle de l'IWA (Eq. 17). En outre les excellentes corrélations établies dans cette étude, permettent de calculer les charges éliminées ou les concentrations escomptées.

La modélisation de l'abattement de la pollution biologique, présentée pour cette étude par *E. Coli*, a permet de prédire la concentration des germes pathogènes pour une concentration initiale donnée, en utilisant les équations : 21 et 22, et par conséquent déterminer les performances de ce procédé en comparant les résultats théoriques et expérimentales.

Les simulations de la qualité bactériologique du la lagune ont montrées que la longueur de cette dernière est supérieure à celle déterminer par l'équation : 27, qui propose de calculer des longueurs limite pour un degré d'épuration satisfaisant.

8. Références bibliographiques

[1] D. Koné, C. Seignez & C. Holliger. « Etat des lieux du lagunage en Afrique. » 5th Proceedings of International Symposium on Environmental Pollution Control and waste management, EPCOWM 2002, Tunis – Tunisia. INRST, J,. INRST, JICA. 2/2: pp. 698-707, 2002.

[2] M. G. McGarry & M. P. Pescod. « Stabilisation pond design vriteria for tropical Asia. » Proceedings of the second International Symposium on waste treatment Lagoons, Laurence, KS, University of Kansas. E., e. M. R. pp. 114-132, 1970.

[3] D. D. Mara. « Sewage treatment in hot climates. » Ed. Wiley and Sons XVI, London, 668 p. 1976.

[4] D. D. Mara. « Waste Stablisation Ponds: Problems Controversies. » J. Water Quality International (1): pp. 20-22, 1987.

[5] S. J. Arceivala. « Wastewater treatment and disposal engineering and ecology in pollution control. » New York Basel, Dekker. VIIII, 892 p, 1981.

[6] D. D. Mara & S. A. Silva. « Sewage treatment in the waste stabilisation ponds: Recent research in the Northesat Brazil. » J. Prog. Wat. Tech **11** (1/2): pp. 341-344, 1979.

[7] O.Guéne & C. S. Touré. « Fonctionnement du lagunage naturel au Sahel. » Rev. La Tribune de l'eau 44 (552) pp: 31 – 42, 1991.

[8] B. C. Wolverton & R. C. McDonald. « Upgrading facultative lagoons with vascular aquatic plants. » J. Water Pollution Control federation **51** (2): pp. 305 – 313, 1979.

[9] H. Kawai, M. Y. Uehara, J. A. Gomes, M. C. Jahnel, R. Rossetto, S. P. Alem, M. D. Ribeiro, P. R. Tinel & V. M. Grieco. « Pilot-scale experiments in water hyacinth lagoons for wastewater treatment. » J. Water Science Technology **19** (10): pp. 24 – 28, 1987.

[10] G. V. Marais. « New factors in the design, operation and performance of waste stabilisation ponds. » Bull. World Health Organ **34** (5): pp.737 – 763, 1966.

[11] C. Polprasert, M. G. Dissanayake & N. C. Thanh. « Bacterial die off kinetics in waste stabilisation ponds. » J. Water Pollution Control federation **55** (3): pp. 285 – 296, 1983.

[12] D. D. Mara. « Design manual for waste stabilisation ponds in India. » Leeds, Lagoon International Technology Ltd. 125 p., 1997.

[13] D. D. Mara & H. W. Pearson. « Design manual for waste stabilisation ponds in Mediterranean countries. » Leeds, Lagoon International Technology Ltd. 112 p., 1998.

[14] O. Levenspiel. « Chemical reaction engineering. » New York, Wiley, XVI, 668 p., 1999.

[15] P. Kumar & R. J. Garde. « Potential of water hyacinth for sewage treatment. » J. Water Pollution Control Federation 61 (11 – 12): pp. 1702 – 1706, 1989.

[16] R. H. Kadlec & R. L. Knight. « Treatment wetlands Boca Raton. » Lewis publishers, London, 893 p., 1996.

[17] International Association Water (IWA). « Constructed wetlands for pollution control: Process, Performances, Design and Operation. » London, Iwa. 156 p., 2000.

[18] K. Doulay. « Epuration des eaux usées par lagunage à microphytes et à macrophytes en Afrique de l'Ouest et du Centre : Etats des lieux, performances épuratoires et critères de dimensionnement. » Thèse de Doctorat, Ecole Polytechnique Fédérale de Lausanne, 193 p., 2002.

[19] A. S. Hasan. « Impact of dispersion and reaction kinetics on performance of biological reactors – solution by "S" series. » J. Water Research 28 (7): pp. 1639-1651, 1994.

[20] P. Servais & G. Billen. « Le contrôle de la qualité bactériologique des eaux de baignade. » Rev. Tribune de l'eau 543: pp. 23-28, 1990.

[21] C. Hasley & H. Leclerc. « Microbiologie des eaux d'alimentation. » Technique et Documentation – Lavoisier, 495 p., 1993.

[22] O. Evrard. « Analyse et modélisation de la qualité bactériologique de la Marne. » DEA, Sciences et Techniques de l'Environnement, Paris, 43 p., 1995.

[23] J.L. Mancini. « Numerical estimates of coliform mortality rates under various conditions. » J. Water pollution control board, pp. 2477-2484, 1978.

[24] K.P. Flint. « The long-term survival of *Escherichia Coli* in river water. » J. of applied bacteriology, 63: pp. 261-270, 1987.

[25] C. E. Chamberlin & R. Mitchell. « A decay model for enteric bacteria in natural waters. » J. Water pollution microbiology, 2: pp. 325-348, 1978.

[26] R. S. Fujioka, H. H. Hashimoto, E. B. Siwak & R. H. F. Young. « Effect of sunlight on survival of indicator bacteria in seawater. » J. Appl. Environ. Microbiol, 41: pp. 690-696, 1981.

[27] J. Wilkinson, A. Jenkins, M. Wyer & D. Kay. « Modelling faecal coliform dynamics in streams and rivers. » J. Water research 29: pp. 847-855, 1995.

[28] P. Servais, G. Billen & J. Vives-Rego. « Rate of bacterial mortality in aquatic environnements. J. Appl. Environ. Microbiol: 49, pp. 1448-1454, 1985.

[29] P. Menon. « Mortalité des bactéries allochtones rejetées dans les milieux aquatiques. » Thèse en Sciences de la Terre, Paris, 140 p., 1993.

[30] R.P. Canale, R.L. Patterson, J. J. Gannon & W. F. Powers. « Water quality models for total coliform. » J. Water pollution control 45: pp. 325-336, 1973.

[31] P. Beaudeau, N. Tousset & A. Lefevre. « Disparition des *Escherichia Coli* dans les rivières normandes. » Rapport du Laboratoire d'Etudes et d'Analyses de la Ville du Havre, 92 p., 1998.

[32] P. Beaudeau, N. Tousset, A. Lefevre. « Original in situ measurement and statistical modeling of *Escherichia Coli* decay in small rivers. » J. Water Science and Technology 37: pp. 270-281, 1999.

[33] M. P. Lagasquie. « Modélisation de l'autoépuration bactérienne des rivières. » Agence de l'Eau Adour-Garonne, 1999.

[34] R. Newman. « Microbial aspects of water at the source, during treatment and the distribution. Network. 43 p., 1985.

[35] Y. Charbonnel. « Manuel du lagunage à macrophytes en régions tropicales.» Paris, A.C.C.T. 37 p., 1989.

[36] Y. Charbonnel & A. Simo. « Procédés et systèmes de traitement biologiques d'eaux résiduaires. » Université de Yaoundé, Brevet OAPI n° 8320. 11 p., 1988.

[37] Y. Kim & W. J. Kim. « Roles of water hyacinths and their roots for reducing algal concentration in the effluent from waste stabilisation ponds. » J. Water Research 34 (13): pp. 3285 – 3294, 2000.

[38] Y. Kim, W. J. Kim, P. G. Chung & W. O. Pipes. « Control and separation of algae particles form WSP effluent by using floating aquatic plant root mats. » J. Water Science and Technology **43** (11): pp. 315 – 322, 2001.

Conclusion générale

Conclusion générale

La réutilisation des eaux municipales connaît une expansion rapide à travers le monde. Son objectif principal est non seulement de fournir des quantités supplémentaires d'eau de bonne qualité répandant aux normes de rejet, mais également d'assurer l'équilibre de ce cycle et la protection de l'environnement.

Le travail présenté, concerne le traitement des eaux usées par lagunage naturel, une technique d'épuration qui dépend de plusieurs facteurs, on note : la topographie du sol, la géologie, les conditions climatologiques et la nature de l'effluent.

Ce procédé qui assure par son efficacité de traitement, la protection de l'environnement et la possibilité de réutilisation des eaux usées pour l'irrigation, est le mieux adopté par les pays en voie de développement car il présente un faible capital d'investissement et une faible consommation d'énergie.

Pour maîtriser cette technique de traitement il est impératif de procéder à des contrôles et des suivis, notamment ceux inhérent aux différentes conditions climatiques et aux paramètres physicochimiques et biologiques.

D'après l'étude de site d'implantation de la lagune de Beni-Messous et les données climatiques, nous avons constatés que le climat de la région d'étude est un climat relativement pluvieux, tempéré par la proximité de la mer.

Le diagramme d''EMBERGER situe la région de Beni Messous dans l'étage bioclimatique subhumide caractérisé en particulier par des étés secs avec de fortes insolations et d'importantes évaporations et par des hivers doux et humides.

On peut donc conclure que, les conditions climatiques étaient favorables ce qui a donné des effets notables sur le bon fonctionnement de ce procède.

De l'analyse physicochimique et bactériologique des eaux traitées par lagunage naturel au niveau de la station d'épuration de Beni Messous, il en ressort que :

> ➢ Il y a une réduction de façon significative du niveau des polluants chimiques et de la matière organique. Des taux d'élimination élevés de la DBO_5, de la DCO, des MES ainsi que les coliformes totaux, les coliformes fécaux (dont *E. coli*), des streptocoques fécaux des Sulfito-réducteurs ont été enregistrés;

> ➢ Ce traitement semble être moins efficace quant à la réduction des sels nutritifs ainsi qu'à l'élimination des germes pathogènes (salmonelles, vibrions). Une désinfection après traitement biologique serait le meilleur moyen de réduire de façon importante les micro-organismes;

> ➢ La modélisation nous a permis de déterminer la charge organique maximale, au-delà de laquelle l'inhibition la croissance des algues pourrait survenir, les corrélations entre les charges éliminées et les charges appliquées ainsi que les constantes cinétiques. La modélisation de l'abattement de la pollution biologique, présentée pour cette étude par *E. Coli*, a permet de prédire la concentration des germes pathogènes pour une concentration initiale donnée, les simulations de la qualité bactériologique du la lagune ont montrées que la longueur de cette dernière est inférieure à la longueur limite pour un degré d'épuration satisfaisant.

Enfin, la technique d'épuration des eaux usées par lagunage naturel peut être utilisée avantageusement et d'une manière encourageante dans notre pays, vu son climat tempéré d'une part et le choix qu'il offre en matière de la qualité et de la disponibilité des terrains d'autre part. Ceci laisse dire que la gestion rationnelle des ressources naturelles ne peut se faire que par l'intérêt qu'on attache à la qualité des eaux et non à leurs quantités.

Liste des abréviations

DBO$_5$: demande biologique en oxygène (mg/L)

DCO: demande chimique en oxygène (mg/L)

MES: matières en suspension (mg/L)

CT: Coliformes totaux (germes/100mL)

CF: Coliformes fécaux (germes/100mL)

E. Coli: Escherichia Coli (germes/100mL)

SF: Streptocoques fécaux (germes/100mL)

λ_{appl}: charge maximale applicable sur le bassin (kg DBO$_5$/hab.j)

$\lambda_{élm}$: charge éliminée (kg DBO$_5$/hab.j)

k$_\tau$: constante cinétique (h^{-1})

d : indice de dispersion.

Pe : nombre de Peclet (adimensionnel)

U : vitesse moyenne du fluide (m/s)

L : longueur de réacteur (m)

D : coefficient de dispersion axial.

Q : débit à l'étiage (m^3/s)

t : temps de transit (s)

T : température de l'eau (°C)

N$_{0m}$: flux maximal (*E.Coli*/jour)

Liste des figures

Figure I.1 : gestion du temps de séjour selon Azov et Shelef (1982)   43
Figure I.2 : lagunage naturel à dominance aérobie   47
Figure II.1 : réseau hydrographique de l'oued de Beni Messous   68
Figure II.2: schéma de la lagune de Beni Messous   70
Figure II.3 : profil de variation des températures moyennes   76
Figure II.4 : profil de variation de la pluviométrie   77
Figure II.5: profil de l'ensoleillement mensuel de la région   78
Figure II.6: profil de variation de l'ensoleillement   79
Figure II.7: répartitions annuelles des vents sur huit directions   80
Figure II.8: profil de variation de l'évaporation   81
Figure II.9: diagramme ombrothérmique de BAGNOULS et GAUSSEN appliquer à la région de Beni Messous   82
Figure II.10: position de la région de Beni Messous dans le climagramme d'EMBERGER   85
Figure III.1: évolution des températures de l'air et de l'eau   91
Figure III.2: évolution du pH de l'eau de la lagune   92
Figure III.3: évolution du pH de l'eau de la lagune   93
Figure III.4: évolution de la DBO_5 en fonction du temps   95
Figure III.5 : variation de la DBO_5 96
Figure III.6 : diagramme Radar localisant des valeurs de DBO_5 par rapport aux normes de rejet   97
Figure III.7: évolution du rendement d'élimination de la DBO_5 au cours du traitement   98
Figure III.8: évolution de la DCO en fonction du temps   99

Figure III.9: variation de la DCO en fonction du nombre des bassins 100

Figure III.10: évolution du rendement d'élimination de la DCO au cours du traitement 101

Figure III.11: évolution du coefficient de biodégradabilité au cours du traitement 103

Figure III.12: évolution des MES en fonction du temps 105

Figure III.13: variation des MES en fonction du nombre des bassins 106

Figure III.14: évolution du rendement d'élimination des MES 107

Figure III.15: variation de la concentration de la chlorophylle *a* en fonction du nombre des bassins 108

Figure III.16: évolution de la concentration des nitrites 110

Figure III.17: évolution de la concentration d'ammonium 110

Figure III.18: évolution du rendement d'élimination des nitrites 111

Figure III.19: évolution du rendement d'élimination d'ammonium 112

Figure III.20: évolution de la concentration des orthophosphates 113

Figure III.21: évolution du rendement d'élimination des phosphates 114

Figure III.22: évolution de la concentration moyenne des Coliformes Totaux au niveau des différents bassins 117

Figure III.23: évolution de la concentration moyenne des Coliformes Fécaux au niveau des différents bassins 118

Figure III.24: évolution de la concentration moyenne d'E.Coli au niveau des différents bassins 118

Figure III.25 : évolution de la concentration moyenne des Streptocoques Fécaux au niveau des différents bassins 119

Figure III.26: évolution de la concentration moyenne des Salmonelles au niveau des différents bassins 120

Figure III.27: évolution de la concentration moyenne des Sulfito-réducteurs au niveau des différents bassins 121

Figure III.28: évolution des concentrations des germes en fonction de la DBO_5 124

Figure IV.1: relation entre la charge éliminée et la charge appliquée 139

Figure IV.2: corrélation entre charges appliquées et charges éliminées en DBO_5 et DCO 141

Figure IV.3: corrélations entre concentrations en DBO_5 et DCO à l'entrée (Effluent) et à la sortie (Influent) de la lagune 142

Figure IV.4 : évolution de la constante cinétique d'élimination de la DBO_5 dans la lagune de Beni Messous en fonction de temps de séjour 144

Liste des tableaux

Tableau II.1: dimensions et caractéristiques des différents bassins   73

Tableau II.2 : répartitions annuelles des vents   79

Tableau III.1: températures, profondeurs et surface de contact air-eau des Quatre bassins du lagunage de Béni-Messous   91

Tableau III.2: identification biochimique des bactéries isolées   122

Tableau III.3: identification biochimique des bactéries isolées   123

Tableau IV.1 : données météorologiques de la région   136

Tableau IV.2 : charges maximales admissibles sur un bassin de lagunage à Beni Messous en fonction de la température moyenne minimale   137

Tableau IV.3 : comparaison des modèles piston et mélange homogène pour l'élimination de la DBO_5 145

Tableau IV.4 : constante cinétique d'élimination de la DBO_5 à partir du modèle piston dispersif (k_d) et du modèle IWA   148

Tableau IV.5 : constante cinétique d'élimination de la DCO à partir du modèle piston dispersif (k_d) et du modèle IWA   149

Tableau IV.6 : variation du k en fonction de la température   157

Tableau IV.7 : calcul des concentrations en *E. coli* aux rejets   158

Tableau IV. 8 : simulation de la qualité bactériologique   160

ANNEXES

ANNEXE 1

Tableau 1 : Nombre le plus probable (NPP) dans les cas du système trois tubes (dilution) (BRISOU et DENIS, 1980).

Table de MC Grady

Nombre caractéristique	NPP dans 1 mL	Nombre caractéristique	NPP dans 1 mL	Nombre caractéristique	NPP dans 1 mL
000	0.1	201	1.4	302	6.5
001	0.3	202	2.0	310	4.5
010	0.3	210	1.5	311	7.5
011	0.6	211	2.0	312	11.5
020	0.6	212	3.0	313	16.0
100	0.4	220	2.0	320	9.5
101	0.7	221	3.0	321	15.0
102	1.1	222	3.5	322	20.0
110	0.7	223	4.0	323	30.0
111	1.1	230	3.0	330	25.0
120	1.1	231	3.5	331	45.0
121	1.5	232	4.0	332	110.0
130	1.6	300	2.5	333	140.0
200	0.9	301	4.0		

Tableau 2: Indice NPP/mL d'échantillon pour Salmonelles (3 séries de 5 tubes) (Centre d'expertise en analyse environnementale du Québec). 2003

Nombre caractéristique	NPP	Nombre caractéristique	NPP
000	>2	430	27
001	2	431	33
010	2	440	34
020	4		
100	2	500	23
101	4	501	30
110	4	502	40
111	6	510	30
120	6	511	50
		512	60
200	4	520	50
201	7	521	70
210	7	522	90
211	9	530	80
220	9	531	110
230	12	532	140
		533	170
300	8	540	130
301	11	541	170
310	11	542	220
311	14	543	280
320	14	544	350
321	17		
400	13	550	240
401	17	551	300
410	17	552	500
411	21	553	900
412	26	554	1600
420	22	555	>1600
421	26		

Milieux de culture et réactifs utilisés

1- Bouillon Lactosé (BL) en g/l :

	Quantité (g/l)	
Composition	**S/C**	**D/C**
Extrait e viande de bœuf	3	6
Peptone	5	10
Lactose	5	10

S/C : simple concentration, D/C : double concentration
pH : 6.7, autoclaver à 120°C pendant 20 minutes.

2- Bouillon lactosé au vert brillant (VBL) en g/l :

Composition	Quantité (g/l)
Peptone de viande	10
Lactose	10
Bile de bœuf desséchée	20
Vert brillant	0.013

pH final : 7.2, autoclaver à 120°C pendant 20 minutes.

3- **Eau peptonée exempte d'indole (EPI) en g/l :**

Composition	Quantité (g/l)
Peptone trypsique de caséine	10
Na Cl	5

pH final : 7.2, autoclaver à 120°C pendant 20 minutes.

4- **Milieu de Rothe en g/l :**

Composition	Quantité (g/l)	
	S/C	D/C
Peptone	20	40
Glucose	5	10
Na Cl	5	10
Monohydrogenophosphate de Potassium	2.7	5.4
Dihydrogenophosphate de Potassium	2.7	5.4
Azide de sodium	0.2	0.4

pH final: 6.8- 7, autoclaver à 120°C pendant 20 minutes.

5- Milieu de Litsky (EVA) en g/l:

Composition	Quantité (g/l)
Peptone	20
Na Cl	5
Monohydrogenophosphate de Potassium	5
Dihydrogenophosphate de Potassium	2.7
Azide de sodium	2.7
Ethyl violet	0.3
	0.0005

pH final: 6.8-7, autoclaver à 120°C pendant 20 minutes

6- Reactif de Kovacs en g/l:

Composition	Quantité (g/l)
Paradiméthylamino-benzaldehyde	5
Alcool amytique	75
HCl pure	35
Eau permutée	1000 ml

7- Bouillon au Sélénite de sodium S/C :

Composition	Quantité (g/l)
Peptone bactériologique	5
Phosphate de sodium	10
Lactose	4

Stériliser au bain- marie bouillant ou àla vapeur pendant 10 minutes .Ne pas autoclaver.

S/C / Simple concentration

8- Gélose viande-foie (milieu déshydraté) :

Composition	Quantité (/l)
Base viande-foie	30
Glucose	2
Amidon	2
Agar	11

pH :7.6 – 7.8

9- Gélose Hektoen :

Composition	Quantité (g/l)
Protéose peptone	12
Extrait de levure	3
Chlorure de lithium	5
Thiosulfate de sodium	5
Sels biliaires	9
Citrate de fer ammoniacal	1.5
Salicine	2
Lactose	12
Saccharose	12
Fuschine acide	0.1
Bleu de bromothymol	0.065
Agar	14

pH : 7.5 , ne pas autoclaver .

10- Gélose Mac Conkey:

Composition	Quantité (g/l)
Peptone bactériologque	20
Sels biliaires	1.5
Chlorure de sodium	5
Lactose	10
Rouge neutre	0.03
Cristal violet	0.001
Agar	15

pH : 7.1

11- Gélose Columbia au sang frais.

Composition	Quantité (g/l)
Mélange spécial de peptones	23
Amidon	1
Chlorure de sodium	5
Agar	10

pH : 7.3

12- Milieu eau peptonée alcaline (EPA)

Composition	Quantité (g/l)
Peptone	10
Chlorure de sodium	10

pH : 8.5 autoclaver 10 minutes à 121°C.

13- Gélose TCBS

Composition	Quantité (g /l)
Peptone	10
Extrait de levure	5
Citrate de sodium	10
Thiosulfate de sodium	10
Chlorure de sodium	10
Bile de bœuf	8
Citrate ferrique	1
Saccharose	20
Bleu de bromothymol	0.04
Bleu de thymol	0.04
Agar (gélose)	13.5

pH: 8.6

14- Gélose esculine

Composition	Quantité (g/l)
Peptone	20
Extrait de levure	5
Bile de bœuf	10
Chlorure de sodium	5
Citrate de sodium	1
Esculine	1
Citrate de fer ammoniacal	0.5
Azide de sodium	0.25
Agar (gélose)	13.5

pH:6.2

Code d'identification biochimique de quelques bactéries

Escherichia.coli

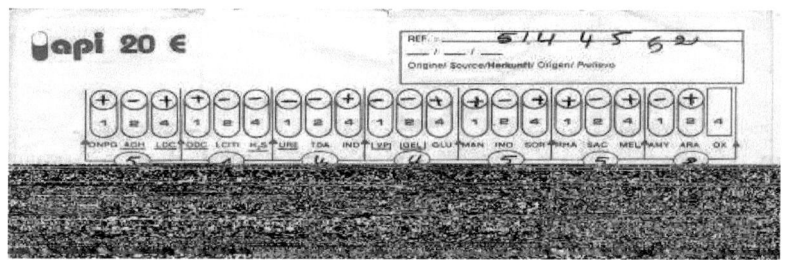

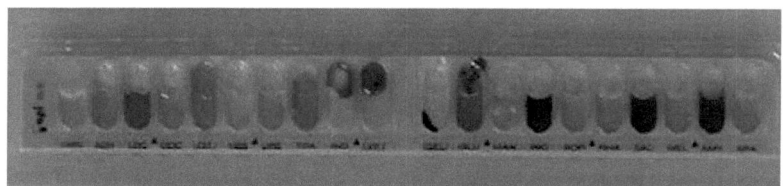

Enterobacter cloacae

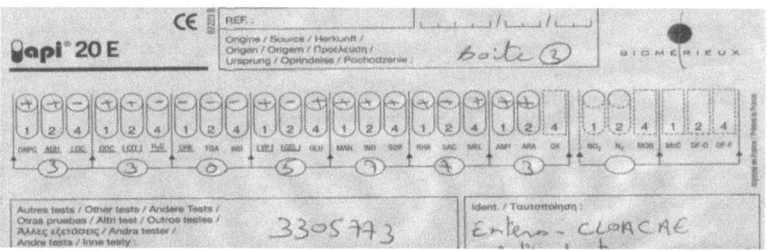

Citrobacter freundii

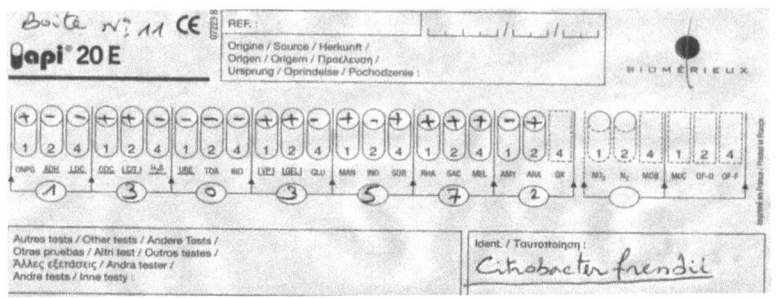

ANNEXE 2

Tableau 1 : Températures maximales moyennes, exprimées en un dixième de degré Celsius.

	Jan	Fév	Mar	Av	Mai	Juin	Jui	Août	Sept	Oct	Nov	Déc	An
1995	162	194	187	210	260	272	312	329	282	269	232	197	242
1996	190	156	189	204	233	267	308	310	272	231	216	197	231
1997	182	190	197	221	247	283	289	315	298	268	210	185	240
1998	179	192	197	216	230	279	315	320	301	247	203	180	238
1999	167	154	194	218	266	290	318	333	303	280	188	170	240
2000	147	191	203	230	258	275	322	338	295	252	217	198	244
2001	184	178	241	228	247	322	323	332	297	290	194	165	250
2002	178	186	213	221	266	297	306	308	297	259	216	194	256
2003	155	157	198	216	246	312	340	348	299	257	216	170	243
2004	174	184	184	213	219	288	312	337	317	292	198	176	241

Tableau 2 : Variation de la température de l'air et de l'eau en fonction du temps.

	20/3/06	08/4/06	17/4/06	24/4/06	29/4/06	06/5/06	14/5/06	20/5/06
T° air	25	20	21	25	20	21	22	29
T° moy eau	17	18	18	22	18	19	19	25

Tableau 3 : Précipitation, cumules mensuels et annuels exprimés en (mm).

	Jan	Fév	Mar	Avr	Mai	Juin	Jui	Août	Sept	Oct	Nov	Déc	An
1995	171	40	107	29	<1	24	<1	49	18	19	58	39	555
1996	94	232	57	161	36	32	7	4	38	86	27	34	808
1997	38	24	09	95	22	10	09	33	37	45	130	93	545
1998	29	52	37	76	151	01	0	08	22	49	103	82	610
1999	121	133	86	47	01	2	0	04	19	22	170	202	807
2000	16	06	19	17	53	0	01	01	04	47	74	41	280
2001	126	73	0	34	14	01	0	03	45	39	49	57	441
2002	39	15	34	39	14	0	0	34	12	54	145	102	488
2003	200	133	22	87	20	0	0	28	40	38	58	110	736
2004	90	46	79	56	149	01	02	01	12	43	116	109	704

Tableau 4 : Ensoleillement, totaux mensuels et annuels exprimés en (heures).

	Jan	Fév	Mar	Avr	Mai	Juin	Jui	Août	Sept	Oct	Nov	Déc	An
1995	178	223	236	280	308	269	381	333	251	199	177	139	2974
1996	145	124	221	200	295	307	320	290	259	251	223	144	2779
1997	129	228	308	234	261	335	300	299	257	221	153	160	2885
1998	188	201	244	248	244	314	364	301	241	233	159	173	2910
1999	146	174	212	314	259	254	348	287	271	294	142	154	2855
2000	226	251	256	262	260	334	330	327	252	215	188	170	3071
2001	164	205	251	276	263	363	343	300	261	237	170	161	2994
2002	205	203	263	242	302	290	304	273	258	239	145	152	2876
2003	131	130	221	227	265	328	279	296	238	184	136	134	2569
2004	210	172	171	242	201	310	313	293	253	214	196	148	2723

Tableau 5 : Ensoleillement moyennes mensuelles de la région de Beni Messous (ONM – 1995-2004).

Mois	Jan	Fév	Mar	Avl	Mai	Juin	Juil	Août	Sept	Oct	Nov	Dec
Insolation (h).	172.2	191,1	238,3	252,5	256,8	310,4	327,3	299,9	254,1	228,7	168,9	168,3

Tableau 6 : Vitesse des vents, moyennes mensuelles et annuelles du vent en un dixième de (m/s).

	Jan	Fév	Mar	Avr	Mai	Juin	Jui	Août	Sept	Oct.	Nov.	Déc.	An
1995	23	17	21	20	22	28	24	23	22	12	24	29	22
1996	29	36	28	28	24	24	22	20	22	13	24	20	24
1997	26	12	15	21	21	24	27	23	20	18	29	19	21
1998	22	12	14	26	21	21	21	21	25	17	18	13	19
1999	20	22	20	16	28	31	28	32	28	26	24	33	25
2000	12	19	21	43	25	30	32	32	28	28	33	32	28
2001	33	24	31	30	33	37	31	25	30	19	20	14	27
2002	15	20	28	27	31	31	31	24	29	24	30	28	27
2003	40	34	20	27	25	28	27	25	24	20	25	33	26
2004	24	20	24	32	32	47	24	24	20	16	16	31	26

Tableau 7 : Evaporation, totaux mensuels et annuels exprimés en (mm) mesurés sous l'abri avec l'Evaporomètre Piche.

	Jan	Fév	Mar	Avr	Mai	Juin	Jui	Août	Sept	Oct	Nov	Déc	An
1995	53	56	68	87	118	106	134	147	131	89	138	81	1208
1996	111	68	77	97	103	113	139	136	133	87	109	87	1260
1997	122	56	90	107	102	121	164	168	169	132	95	74	1400
1998	78	50	69	111	76	106	152	152	143	96	62	63	1158
1999	60	57	79	88	113	137	177	167	126	123	58	68	1253
2000	48	75	87	132	92	127	137	181	110	75	85	90	1239
2001	62	39	80	85	84	151	125	105	80	72	48	34	966
2002	35	40	64	72	104	94	93	85	90	71	65	50	863
2003	48	44	49	53	51	110	121	132	81	50	47	58	844
2004	45	38	42	59	51	81	89	141	105	124	38	39	852

Oui, je veux morebooks!

i want morebooks!

Buy your books fast and straightforward online - at one of world's fastest growing online book stores! Environmentally sound due to Print-on-Demand technologies.

Buy your books online at
www.get-morebooks.com

Achetez vos livres en ligne, vite et bien, sur l'une des librairies en ligne les plus performantes au monde!
En protégeant nos ressources et notre environnement grâce à l'impression à la demande.

La librairie en ligne pour acheter plus vite
www.morebooks.fr

 VDM Verlagsservicegesellschaft mbH
Heinrich-Böcking-Str. 6-8   Telefon: +49 681 3720 174   info@vdm-vsg.de
D - 66121 Saarbrücken   Telefax: +49 681 3720 1749   www.vdm-vsg.de

Printed by Books on Demand GmbH, Norderstedt / Germany